森林报：春·夏·秋·冬

（苏）维塔利·瓦连季诺维奇·比安基　著

王汶　译

无障碍阅读＼扫码听书

|［名师导读　名家点评　精批详注］|

湖南文化音像出版社

前言

阅读是社会进步的有力支撑，是一个民族历久不衰的立命之本。心理学家研究证明，在青少年阶段养成阅读的习惯将是一个人养成终生阅读习惯的重要前提。著名的教育家叶圣陶先生在一次语文教改交流会上说过:“语文教学应重视课外阅读的引导。”纵观近十年的高考试卷，也可以看出阅读与语言的运用是语文教学的一个重要方向。陶冶了一代代人精神的文学经典名著，是人类文化的结晶。对青少年来说，阅读经典名著，接受文化传承无疑是非常必要的。

名著是人类文化艺术发展道路的丰碑，它以生生不息的思想力量、经久不衰的语言魅力深深打动着一代又一代的读者。它们都有一个共同特点，即接受了时间的考验，受到世界各国青少年的喜爱。对青少年而言，大量阅读文学名著，不仅可以培养正确的人生观、世界观，客观地分辨美与丑、真与伪，更能培养他们的语文学习能力。接受文学名著的滋养与熏陶，可以帮助青少年爱上阅读，逐步走向自主阅读，最终成长为一个心灵丰满、人格健全的阅读者。

为了系统地向广大青少年传递名著精华，我们精心组织编写了这套丛书。我们从浩瀚的知识海洋中，撷取精华，汇聚经典，将最受青少年青睐的作品奉献给大家。这套书紧扣语文课标，集经典、知识、实用、趣味性于一体。我们精选的这些名著都是经过了历史与时间的检验，是公认为具有杰出思想内涵或文学艺术品位的名著，是一份让广大青少年朋友品味人类知识精华的大餐。

由于编纂时间仓促，加之水平有限，编写过程中难免发生纰漏，还望广大读者批评指正。

目录 Contents

春

夏

秋

目录
Contents

冬

阅读准备

作家生平

维·比安基（1894—1959），苏联著名儿童文学作家。他父亲是位著名的鸟类学家，受家庭的熏陶，他从小就对大自然有浓厚的兴趣。后来报考并升入彼得堡大学物理数学系，学习自然专业。27岁时，他记下一大堆日记，积累了丰富的创作素材。此时，他产生了强烈的创作愿望。

1923年他成为彼得堡学龄前教育师范学院儿童作家组成员，开始在儿童文学杂志《麻雀》上发表作品，从此一发而不可收。仅仅是1924年，他就发表了《森林小屋》《谁的鼻子更好》《在海洋大道上》《第一次狩猎》等多部作品集。

比安基一生发表了300多部童话、中篇、短篇小说集，有“发现森林第一人”“森林哑语翻译者”的美誉。《森林报》是他的代表作。这部书自1927年出版后，连续再版，深受少年朋友的喜爱。1959年，比安基因脑溢血逝世。

作品预览

《森林报》不仅具有报纸的活泼、可读性强等特征，而且还是一部百科全书。里面的内容涉及整个大自然，包括各种飞禽走兽：水里游的、天上飞的、地上爬的、土里钻的……还有许许多多的植物，可以说是应有尽有。它们跟着大自然四季气候的变化而变化，非常有趣。

文学特色

一、将真实生活与虚构故事巧妙结合。《森林报》是一部写实的科普作品，也是一种真实生活的基础上与虚构的故事巧妙结合在一起的别开生面的儿童文学名著。

二、作品的表现形式别具一格。它采用报道的形式，但不是传统意义上的报纸，而是一部完整的文学作品，只是借用了“报”的名义，按照12个月的顺序，根据不同是中国传统的说法！季节里自然界万物的生活状况和面貌，将全书内容分别安排在12期里描述，从而使作品的表现形式更加活泼生动，内容更为丰富多彩，让人不忍释卷。

三、作品内容真实鲜活、可读性极强。维·比安基有着30多年的创作经验，他最擅长的就是描写动植物的生活，以轻快的笔触、创作引人入胜的故事情节，从而使作品生动、活泼，极具可读性，也极具感染力。

创作背景

1924—1925年，维·比安基主持《新鲁滨逊》杂志，在该杂志开辟森林的专栏，这就是《森林报》的前身。

1927年，《森林报》结集第一次问世出版，到1959年，已再版9次，每次都增加了一些新内容，使《森林报》的内容更为丰富。比如，一些没有翅膀的蚊子是怎么从地下钻出来的？哪个季节的麻雀体温比较低，是冬季还是夏季？什么昆虫把耳朵生在腿上？青草何时会变成天蓝色？蝴蝶秋天都藏到哪里去了？虾在哪里过冬？森林中哪种飞禽的眼睛靠近后脑勺，为什么？癞蛤蟆冬天吃什么？什么鸟的叫声跟狗差不多？……这些非常有趣的问题，都会在《森林报》中找到完整而让人信服的答案。

作品影响

维·比安基从事创作30多年，他以其擅长描写动植物生活的艺术才能、轻快的笔触、引人入胜的故事情节进行创作。《森林报》是他的代表作。这部书自1927年出版后，连续再版，深受少年朋友的喜爱。《森林报》是一部史无前例的森林史诗，一部优美而生动的自然百科全书。自出版以来，至今已有30多种版本，畅销60多个国家，被评为“世界最经典的十大科普名著”之一。评论界称这本书为史无前例的“大自然的颂诗”、“大自然百科全书”、“大自然历书”、儿童学习大自然的“游戏用书”、“创造发明的指导用书”。

春

春季第1月

3月21日—4月20日

太阳进入白羊宫

万物复苏月

名师导读

春天来了，大地上一切生物到处都开始躁动了起来。动物们、植物们都苏醒了，因为春天的到来而欢欣鼓舞，让我们一起去看看它们苏醒的情况吧！

一年：分为12个月的太阳乐章

迎接春天的到来

3月21日，一年一度的春分到了。在这一天，白天和黑夜的时间是相等的，月亮和太阳在天空中停留的时间也是最公平的。也是从这一天开始，春天真的到来了，万物开始复苏了。

阳春三月，春意盎然，天气变得温暖起来，受太阳的照射，厚厚的积雪也开始融化。经过整个冬天的积雪表面硬硬的，现在也发生了变化，表层出现了许多不规则的小孔，积雪开始变得松软，像发起的面包一样。可是，这时的雪表面有一层灰尘，所以颜色发灰。这时候，你真的会觉得春天就要来了。屋檐上的冰条开始融化，小水滴掉在地上，滴滴答答，形成了一个个小水洼。小麻雀也等不及了，搭着伴儿地在水洼里游戏，叽叽喳喳快乐极了。这时，公园里的山雀也来凑热闹，跟着欢快地歌唱。

温暖的阳光照耀着大地，轻轻地唤醒了睡梦中的河湖、森林。太阳如救世主一般，让大地渐渐恢复了生机，使褐色的土壤披上了绿衣。

在俄罗斯有个传统风俗，在春分这天的早上，人们要吃一种面食叫“烤云雀”，

以表示对春天到来的祝贺。这种面食并不难做，首先，和一块面团，做成面包状，捏出鸟嘴，然后用葡萄干作为鸟的眼睛，最后放进烤箱，等一会儿就能出炉了。这一天也是爱鸟月的第一天。人们把鸟笼里的鸟放归自然，孩子们自制鸟窝，放在树杈上，细心的孩子还会放好米谷，欢迎鸟儿们随时到来。而且在学校和俱乐部也会开展一些关于鸟类知识的主题报告会，宣传鸟类的益处，呼吁人们保护它们，不能伤害这些可爱的小精灵。

动作描写

说明大家对鸟类的关爱。

有了融化的冰雪，母鸡妈妈带着孩子们在家门口就能喝上甜美的溪水。

林中纪事

森林里第一只蛋降生了

读书笔记

秃鼻乌鸦的窝常常搭建在高高的云杉树上。虽然树上还有一些没有完全融化的积雪，但乌鸦妈妈早等不及了，很快产下当年第一只蛋。为了让宝宝更温暖，乌鸦妈妈默默地陪在宝宝身边，用自己的身体拥抱着它们，温暖着它们，直到春天的到来。乌鸦爸爸也不闲着，负责寻找食物，保证不让孩子们饿着。

兔宝宝在雪地里吃奶

田野里的雪还没有完全融化，兔妈妈就迫不及待地生下了自己第一窝宝宝。

刚出生的兔宝宝披着一身柔软的皮毛，在冬天，这身厚厚的“棉衣”确保了它们不会被严寒侵袭。它们虽然刚出生，但却能活蹦乱跳。它们吃饱了，就懒洋洋地趴在草丛中晒太阳。兔子妈妈特别喜欢它们，因为它们非常听话，从来不惹妈妈生气，妈妈不在家的时候，从不互相打闹。

兔妈妈特别勤快，从来不闲着，每次喂过孩子奶后，它就到田野里欣赏美景。兔宝宝乖乖地躲藏在草丛里，不敢乱动，因为它们知道老鹰和狐狸就在外面等着它们。

这时，一只兔子跑来了，宝宝们以为是自己的妈妈回来了，高兴极了，可走近了才看见，原来是一只陌生的兔子阿姨。看到宝宝们那失望的表情，这位好心的阿姨把它们都喂饱了才走开。

在兔家族中，兔妈妈们会共同抚养幼小的兔宝宝。不管兔宝宝是谁的孩子，都会像对待自己孩子一样，尽职尽责地喂养它们。

这些宝宝吃饱了，又懒懒地躺在灌木丛里睡大觉了。也许，在这个时候，它们的妈妈正在喂其他兔宝宝呢。

你可能会觉得这些兔宝宝很可怜，但是这些宝宝身穿“棉衣”，又有那么多兔妈妈来照顾，它们不是更幸福吗？悄悄地告诉你个秘密，这些兔宝宝只要饱饱地吃上一顿奶，就可以几天不吃东西。再过八九天的时间，它们就可以独自去生活了。

过冬的鸟儿

到了冬天，铁爪鹀和雪鹀就会成群结队地飞到我们这里。在彼得格勒州的道路两旁，到处都是它们的影子，那洁白的羽毛漂亮极了。

它们的家乡在很远很远的北冰洋沿岸，现在那里是一望无际的厚厚的冰，冷得实在受不了，只能等到春天，那里才能慢慢地解冻。

可怕的雪崩

森林里发生了难得一见的雪崩。

松鼠一家最先知道这件事，它们的家安在了云杉树上。雪崩来了的时候，它们一家人正在睡大觉呢。

那时，突然有一个雪球从树梢上滚下来，松鼠的房顶上一声巨响，惊醒了睡梦中的松鼠妈妈，它被吓坏了。它们立刻跳出了窝，可是，松鼠宝宝却被埋在了雪里。

松鼠妈妈着急了，赶紧用力去刨那里的积雪，还好那房顶是用粗树枝搭起来的，现在被一层厚厚的积雪压住了，但是窝里的一切仍安好。小松鼠根本不知道外面发生了什么事，仍然在呼呼大睡。可能是刚出生，它们的听力还不好，根本没听见外边的动静。瞧，它们睡得多香甜呀，紧闭着眼睛，嘟着小嘴，光溜溜的身体，可爱极了。

秃鼻乌鸦和鹞鹰

天空中传来一阵“啪、啪！呱、呱”的响声。原来是秃鼻乌鸦和一只鹞鹰在搏斗，鹞鹰打不过乌鸦，只好四处躲闪。那几只乌鸦用嘴使劲啄鹞鹰的头部，受了惊吓的鹞鹰惨叫着，狼狈而逃。

正在这时，我站在山顶上，视野开阔。我发现，一只鹞鹰在一棵大树上站立着休息。一群秃鼻乌鸦突然向它飞过来了，直扑向那只鹞鹰。鹞鹰也不甘示弱，尖叫着，并猛扑向一只乌鸦。这只秃鼻乌鸦被这反扑吓了一跳，不知该怎么办了，连忙躲闪。只见，鹞鹰并没再追赶，尖叫一声冲向高空。由于乌鸦飞不了太高，所以只能眼瞅着这顿美餐远去。

森林通讯员　康·梅什里耶夫

森林里的第二封电报

椋鸟和云雀从南方飞回来了，空中传来了它们美妙的歌声。

森林里的通讯员仍然在期待熊的醒来。但，熊依然睡得香甜，还有人怀疑它是不是已经被冻死了。

突然，洞口处有了声响。

一只动物从雪里钻出来了，它长得像野猪，身上有很长的毛，脑袋灰白色，中间还有两条黑条纹，大肚皮是黑色的，你们猜猜它是谁？这是一个獾洞，獾从冬眠中醒来了，这一个冬天没吃没喝，刚醒来就四处找吃的，它在森林里找啊找，只要是它见到的，像蜗牛、幼虫、甲虫等，这些都是它爱吃的。

森林通讯员继续在森林里寻找，找那贪睡的熊，这次可算找到一个熊洞，但是里面的熊还没醒来，仍睡得美美的。

断裂的冰块在河面上漂移着，小动物们在这个季节为孕育下一代做好了准备。啄木鸟这个森林医生也是忙碌的，森林里常常会听到它工作的声音。

春天里，冰雪融化，道路泥泞，人们收起雪橇，出门赶起了马车。

城市新闻

阁楼上的人家

最近，森林里的通讯员注意到了市区里的动物，它们住在阁楼里。

这些鸟儿们生活在繁华的城市里，在寒冷的冬天，这些鸟儿们相比野外的鸟儿们那就舒服多了。它们觉得冷了，就靠近烟囱，感受温暖。鸽子就喜欢生活在城市里，母鸽子准备孵蛋了；麻雀和寒鸦正忙着选材搭窝，那柔软的稻草和羽毛是它们的最佳选择。

这些鸟儿们就怕猫和淘气的男孩子来捣乱，它们辛苦搭建的巢穴总是被他们突然袭击，甚至被他们破坏掉。

麻雀的恐慌

椋鸟的巢穴里发生了一场激烈的打斗。许多麻雀占领了椋鸟的巢穴，椋鸟飞回家后，生气极了，直轰它们离开自己的家。麻雀带来的东西统统被椋鸟扔出巢穴，羽毛和草茎随风飘散。

一个水泥工正在屋檐下修补那些破洞。几只麻雀扑棱棱地在周围乱飞，眼瞅着水泥工把洞穴一个个补上。突然，一只发疯似的麻雀朝水泥工飞去，直奔向他的头部，扑到他的脸上，水泥工马上轰走了它。这只麻雀为什么这么激动呢？因为就在刚才，水泥工修补的那个洞里，有它刚刚产下了不久的蛋，原来它是一位麻雀妈妈。

再一次响起叫嚷声，在这次厮打中，麻雀的羽毛随风飘落。

森林通讯员　尼·斯拉德可夫

晒太阳的石蚕

从浮冰的缝隙里爬出来一种灰色的小幼虫，它们是石蚕，是一种非常小的昆虫。它们爬上岸做的第一件事是蜕皮，不久就会长出一双美丽的翅膀。这对翅膀刚长出不久，非常柔软，虽然还不能飞行，但是等它的翅膀在太阳底下晒一晒，就会变得硬起来，这时，它就能飞向空中。

岸边过于潮湿，马路对面的房屋墙壁成了石蚕晒太阳的最好去处。但它们爬到墙壁上可不是那么容易的事情。这一路上遇到很多“灾难”，或被车碾压，或被小鸟啄食，或被人踩死，或被雨水冲走。不过，石蚕家族数量很大，死去的也只是一小部分而已。

经过千辛万苦，大部分石蚕来到马路对面，爬上了墙壁，安心而舒服地晒起了太阳。

群蚊的舞蹈

随着天气越来越暖和，昆虫们也纷纷出行，世界变得热闹起来。最令人讨厌的蚊子也出来了。不过，这时候，蚊子还不会咬人，只是成群结队地嗡嗡乱飞罢了。

蚊子身体虽小，但数量惊人。那些蚊子聚集在一起景观也是非常壮观的。它们在半空中飞舞着，像一根黑乎乎的圆柱子。傍晚，它们最活跃，随处可见，就像女人脸上的雀斑一样。

公园里

在公园，鸟儿们活泼极了，叽叽喳喳地叫嚷着，仿佛在开着一场辩论会。这是一群雌燕雀，它们习惯成群结队地在一起，为的就是随时欢迎雄燕雀的到来。不过，一般情况下，雄燕雀总会晚一些到来。

最早出现的蝴蝶

蝴蝶在这个时候出现了，它们是最早出现的一种小动物，这时，它们正在太阳底下晒翅膀呢。

柠檬蝶和荨麻蛱蝶是最早出来的两种蝴蝶，一般情况下，到了冬天，它们就会躲藏在人们居住的阁楼上。

新造的森林

今年的造林会议正在召开，林务员和专家们齐聚一堂，彼得格勒的市民代表也来到会议现场。

在草原地区种植树木成为这次会议的议题之一。人们选了许多种树木栽种在草原地区，这是这里的老百姓百年来实践积累出来的经验。这些乔木、灌木有很强的适应性，生长稳定。比如，在顿尼茨草原，锦鸡儿、忍冬、橡树等，都可以顽强地生长。

科学越来越发达，工厂里研制出了专门种植树木的机器，使种植树木的效率大大加快。这种机器的发明创造，为国家广阔土地上种植树木带来了有利条件。

近年来，政府为了提高耕地产量、土地使用效率，决定种植树木，建造了数万公顷的新林区。

塔斯社彼得格勒讯

黄色的春之花

在花园里，款冬开花了，一朵朵淡黄色的小花竞相开放。

在森林里，有一些人专门采摘花儿，他们把采下来的花儿整理成花束，拿到街上去卖，还给它取了个好听的名字“雪下紫罗兰”。但是这花儿并不是紫罗兰，从颜色和花香上与紫罗兰大不相同，它的真实名字叫“獐耳细辛”。

大树渐渐恢复了生机，白桦树已经开始返青了。

游过来的动物

春姑娘来了，小溪也高兴地涨了起来，哗哗地奔跑，奔向那广阔的河流。我们的森林通讯员在小溪上垒建起一道拦水坝，接着细心地观察那些光临这里的动物。

我们在这里等了很久，拦到一些丛木上掉下来的木屑和小树枝，却没看到一种动物的影子。

我们继续等待着，这次我们终于等来了喜悦。溪水把一只沉在水底的死老鼠冲上来了。它棕黄色的皮毛、短短的尾巴，一看便知这是一只田鼠。因为家鼠和田鼠的区别就在于尾巴的长短、皮毛的颜色。这只田鼠可能是去年死去的，冰雪把它覆盖住，到了春天，冰雪融化，它也随着融化的水流进了小池塘。

一会儿，一只小甲虫也来了，开始，我们还以为是一只水栖甲虫，等捞上来一看就发现，它是一只屎壳郎，一种陆地上再普通不过的甲虫。不知道是什么原因它掉进水里的，因为它根本不会游泳，所以，刚才它肯定在小池塘里挣扎半天，最终还是没能逃出去。

一只小青蛙也从冬眠中苏醒过来，它周围的雪还没有完全融化。它快乐地跳来跳去，长而有力的后腿猛地使劲儿跳入了小池塘里。它想痛痛快快地洗个澡，但水还很凉，所以很快又跳了上来，一眨眼便跃入灌木丛里不见了踪影。

最后，一只调皮的水鼠游过来了，乍一看就像家鼠一样，褐色的皮毛，尾巴相比稍稍短了一些。在冬天，水鼠就靠储备的粮食生活，这时候肯定吃完了，所以这次出来是为了找吃的。

森林里的电报（急电）

观察员还在熊洞前坚守着。

突然，积雪猛地被掀开了，从里面爬出一只又黑又大的熊。

这是一只母熊，后边紧跟着两只幼熊，慢悠悠地钻出了洞口。

春天来了，熊妈妈睡了整整一个冬天，它张开嘴巴，打着哈欠，悠闲自得地走进森林里。幼崽们尾随其后，唯恐被落下。母熊的毛在阳光的照耀下，很快变干，蓬松起来了，看上去熊胖了不少。

母熊和它的宝宝们寻找着一切可以吃的食物，整整一个冬天没有进食，只要能吃的，这时都被它们吞进肚子里，一定要吃个够呢。这时，一只野兔出现了，母熊可不能丢了这次好机会，疯狂地追赶起来，那样便可以让它的宝宝们美餐一顿。

农场要闻

100个新生的宝贝儿

就在昨天晚上，农场传来了一个好消息："突击队员"农场饲养的九头母猪生猪

崽啦！这下猪舍里又多了100头猪宝宝。这些猪宝宝胖乎乎的，可爱极了，它们在猪舍里哼哼哼、哼哼哼，真热闹呀！母猪们更是高兴，它们也欢快地乱叫着，就等着饲养员把猪宝宝们抱过来喂奶，相信它们一定非常想见到自己可爱的宝宝吧！

拦截春水

天气渐渐暖和，野外的积雪融化得越来越快，它们汇聚到一起流进小溪，又流向江河。

工人现场取材，把积雪堆积起来，就形成了一座天然的横堤，这样一来，就能拦下流走的春水了，将它们挽留到田里，滋润着那些渴望春水的农作物。

田里的农作物便可以饱饱地喝上一顿，让它们的根尽情地吸收水分吧。

追寻求偶的鹬鸟

猎人白天出城，到了森林已经是傍晚了。天色暗了下来，还下着蒙蒙细雨，在这样的天气里，也正是鸟儿们求偶的时候。

猎人来到森林边上，寻到了合适的位置。他靠着一棵大云杉，周围的树也不高大，都是一些低矮的树木：赤杨、白桦、云杉等。再有一刻天就黑下来了，他抽出烟袋，点着了，因为晚上抽烟可以吓跑猎物，所以趁时间还早，赶紧抽几口烟。

猎人悠闲地抽着烟，靠着树干静静地欣赏着鸟儿们的歌声。高高的枞树梢上，鸫鸟唱着高亢的歌儿。红胸脯的欧鸲在树丛中小声哼叫，声音很低沉。

很快，太阳落山了，森林里顿时安静极了。鸟儿们也停止了歌唱，鸫鸟和欧鸲也去休息了，大家准备睡觉了。

猎人收拾好手里的枪，聚精会神地观察着周围。忽然，一阵嘈杂声打破了天际。

猎人愣住了，赶紧又把枪扛了起来，靠在一棵树旁认真地侧耳倾听，这声音是哪来的呀？

“蚩儿科、蚩儿科、霍儿、霍儿！”

“蚩儿科、蚩儿科！”

原来这叫声不是一只鸟发出的，这是有两只长嘴的丘鹬在仰头歌唱，它们在森林里一前一后来回穿梭，这可能是一只雄鸟正在追求前面那只雌鸟。

只听“砰”的一声，猎人举起了枪瞄准并射击了这只雌鸟，它从空中旋转着坠落下来，“扑通”一声掉进了灌木丛中。

猎人赶紧跑了过去，以防这一枪没将鸟儿致命，它会扑扇翅膀逃跑的，那猎人不是白费工夫吗？

他走到鸟儿掉落的地方，发现了一团像枯叶一样的东西，仔细一看，才辨认出是这只受伤的丘鹬。它的羽毛是暗黄色的，跟枯叶颜色很相似，乍一看还真不好认出是它！

“蚩儿科、蚩儿科、霍儿、霍儿”，森林里又传来了丘鹬的叫声。

这次，声音听起来很远，猎人根本打不到，所以他并没有举枪。他再一次躲在一棵云杉的后面，等待机会。此时，森林里恢复了原来的宁静。

“蚩儿科、蚩儿科、霍儿、霍儿”，这叫声突然又响了起来。

猎人四处观望，还是没有找到射击目标。

他想，是不是应该想个办法把它吸引过来呢？

于是，猎人摘下他的帽子，朝空中抛去。

天色已经暗了，但雄丘鹬的视力非常好，它站在枝头，依旧等待雌丘鹬的到来。帽子的突然滑过，让雄丘鹬误以为是一只雌丘鹬出现了，很快这只雄丘鹬上当了。它急速地朝帽子飞去，不知不觉中，它已经进入了猎人的射击范围。

猎人早准备好了，举起枪瞄准雄丘鹬，一声枪响，它在空中一震，然后直直地坠落下来，当场死了。

森林里黑了下来，“蚩儿科、蚩儿科、霍儿、霍儿”，这声音在各处响起，猎人分辨不出它们的具体方位。

猎人有些烦躁，此时，他举起枪不像前两次那样从容自信了。

“砰！砰！”猎人又开了两枪，但没有射中。

“砰！砰！”又是两枪，仍没打中。

猎人把枪放下，平息了一下自己的心情，因为这种情况下开枪，只会浪费子弹。

过了一会儿，他觉得自己平稳了很多，可以继续射击了，于是，又举起了枪。

这时，森林里漆黑一片，远处传来猫头鹰阴森的叫声，让人听了毛发直立。一只受了惊吓的鸫鸟猛然飞到别处去了。

再过一会儿，森林里就什么也看不清了。等到那个时候，猎人就只能罢手了。

“蚩儿科、蚩儿科！”那声音又响了起来，猎人马上来了精神。

在另一个方向，也同时响起了同样的叫声。

原来呀，这是两只雄丘鹬，飞行过程中相遇了，为了交配权竟然打了起来。

猎人再一次抓住时机，他赶紧扣了两下扳机。“砰！砰！”这次猎人发挥得很好，它们应声落地，正好落在猎人不远的地方。

猎人装好战利品，扛起枪，欢喜地回家了。

松鸡的恋爱场

夜已经很深了，猎人在森林里坐下来休息，掏出准备好的食料。这时，他不能点火取暖，生怕把猎物吓跑。

再有一会儿工夫，黎明就要来了，那正是松鸡们求偶的时候。

突然，不远处传来猫头鹰的叫声，在这个寂静的夜里那声音听起来十分吓人。

松鸡们求偶的好事儿被猫头鹰的叫声打断了！

天色发白了。隐隐约约传来几只松鸡的叫声，这是雄松鸡在求偶时的欢叫声，接着，雌松鸡“咯咯嗒嗒”，发出回应。

猎人端着枪，站起身来，仔细地辨别这声音是从何处传来的。

他终于寻到了，就在前方不远的地方，这时，从那个方向又传来了它们的叫声。

猎人轻手轻脚地走了过去，他端着枪，手指放在扳机上，做好了随时开枪的准备。他的眼睛一眨不眨，死死地盯住前方一棵高大的云杉。

猎人越靠近猎物，那“咯咯”声就听不到了，继而是一种尖细的“嗒嗒”声响了。

猎人离云杉越来越近。

那尖细的声音突然也消失了，周围悄无声息。

看来这家伙的警惕性很高，稍有声音就安静下来了，用它那敏锐的眼睛洞察着周围的情况，一旦有发现，立刻展翅逃离。

猎人骗过了它们，于是，它们兴奋起来，那“嗒嗒、嗒嗒”声更响了。

这可提醒了猎人一定要小心动静，不能打草惊蛇。

松鸡的叫声越发高亢起来。

猎人见时机成熟，赶紧向前走去。

松鸡也好像听到了动静，叫声又停下来了。

猎人只能耐着性子等待了，松鸡还在警惕周围，没有叫出声来。

就这样，猎人稍动一下，松鸡就会停止叫声，然后再叫，如此试探，如此反复。

猎人离云杉越来越近了。从声音上可以断定，松鸡已经不远了，就站在了树腰的枝杈上。

正在发情的松鸡要比平时警觉性差很多，它们尽情地向雌松鸡表达着心意。哪怕有猎人靠近，也会有疏忽的时候。

猎人还没有找到松鸡的具体位置，此时，天色已经黑了，猎人仰着头认真地查看着树上的动静。

在这里！猎人兴奋起来，他看到了松鸡的身影！就在离自己不到30步远的地方，它正站在枝头歌唱。它脖子向前，又黑又长，脑袋上有一撮毛，就像山羊的胡子一样。

松鸡好像感觉到了危险的到来，又突然停止了叫声。猎人屏气凝神，千万个小心。

“嗒，嗒，嗒”，松鸡又放松警惕，还掺杂了其他鸟儿的叫声。

猎人不再犹豫，他稳稳地端起枪来。猎人瞄准那只长着“山羊胡子”的松鸡，它正张开它的尾巴展现自己的美丽。

猎人的这一枪一定要射中它的要害，这样才不会让它有机会逃掉！

松鸡的翅膀结实，霰弹打在上面不会伤害到它。

“砰！”猎人的枪终于响了，随着枪声，树枝折断的咔嚓声也响起了。中了！松鸡落了下来，那沉重的身体把树枝都砸折了。

多么肥壮的一只松鸡啊，它全身乌黑的羽毛，至少有 10 斤重吧！

森林大剧场

琴鸡的求爱场

太阳还没出来，周围的一切就已经能看清楚了。这些天，彼得格勒正处于极昼时期。森林里有一大块空地，动物们把这里当作了大剧场。

那里的现场观众是身材小巧、长有麻斑的雌琴鸡，它们有觅食的，有在枝头观察周围的情况的。

演出马上开始，大家都在耐心等待着。

表演就要开始了，只见一只琴鸡，浑身乌黑，翅膀上布满白纹，像一位“绅士”一样闪亮登场了，它就是今天表演的主角。

这位主角的眼睛像两颗晶莹的宝石，黑溜溜的，滴溜溜地转，它在周围观察了一遍，没有发现其他的“演员”。

奇怪的是，这片空旷的场地里怎么会长出一棵云杉，而且已经有一米多高了。琴鸡先生非常吃惊，因为昨天它根本没看到这棵树呀，怎么会在一夜之间长出这么一棵大树？难道是自己看花眼了吗？琴鸡琢磨着。

精彩的演出开始啦！

琴鸡先生又环视周围，接着把头垂到地上，然后展开漂亮的尾巴，双翅伸开斜放在地上。

此时，它的嘴里发出阵阵叫声，好像在说：“这身衣服太厚了，我要换件薄衣！”

它自言自语着，又重新挺直腰板，看了看周围的观众，嘴里又叽叽咕咕叫着。

“嗵”，一只雄琴鸡飞过来。“咚”，又一只雄琴鸡飞到场地上来了。

紧接着，一只又一只，飞了过来好多雄琴鸡，它们非常强壮，爪子踩到地上“嗵嗵”作响。

那位“绅士”很生气，因为这群雄琴鸡的到来打扰了它的表演。

第一只雄琴鸡完全不顾自己的“绅士”形象，只见它全身的羽毛都竖了起来，脑袋紧紧地贴着地面，尾巴呈扇面形，“秋伏伏！秋伏伏！”这是一种挑战声。

它好像在对这群雄琴鸡说：“来吧，我要把你们身上的毛拔光光！”

其中一只勇敢的雄琴鸡跳了过来：

“秋伏伏！来，比试比试，看谁更强壮，我才不怕你这个老家伙！”

越来越多的雄琴鸡来到这里，它们都发出“秋伏伏”的助威声，甚至做好了随时冲出去应战的准备。

此时，雌琴鸡却静静地做着自己的事情，好像下面发生的一切，与自己一点儿关系都没有，谁胜谁败它们一点儿不关心。这些漂亮的雄琴鸡好像要决一死战，只为夺得这些雌琴鸡的欢心，可是这群小姐很明显辜负了这些勇士的心意。

雄琴鸡毫无保留地在异性面前展示自己的英勇。那些胆小的雄琴鸡是不敢来这里的。

看，节目表演已经到了高潮……

场地里到处都是“秋伏伏”的鸣叫声，像战士们吹响的号角。雄琴鸡们个个英勇非凡，摆好架势准备迎战、冲锋。

两个勇猛的雄琴鸡撕扯在了一起。它们用自己的尖嘴使劲地啄着对方的头，嘴里还不停地发出“秋伏伏”的叫声，为自己呐喊助威。

天快亮了，场地上空雾气漫天。

剧场上那棵云杉非常奇怪，树上好像有金属的光泽在闪动。

这并没有引起雄琴鸡的注意，因为它们现在正打得火热。

那位主演 “绅士”离这棵云杉最近，它此时占着绝对的主动权，已打败了两个挑战者，它成了今晚响当当的明星。

又一只勇敢的雄琴鸡扑过来，它身形矫健，趁主角还没注意，狠狠地在琴鸡“绅士”的头上啄了一下。

“绅士”被激怒了，低吼着，凶狠地盯着对方。

这个突发事情引起了雌琴鸡的注意，刚才的表演太无味了，真正的好戏马上开始。而这个挑战者让琴鸡小姐们另眼相看，它绝对是一个勇者。果然，它扇着翅膀冲向今天的主角，在半空中它们厮打在一起。

冲！主动出击，一次，再一次！它们的速度太快，观众们都看不清楚谁啄了谁。两个选手落地后，都往后退，准备择机再次出动。挑战者的翅膀受伤了，羽毛掉了好几根，“绅士”也受伤不小，它的眉毛下方受伤，一只眼睛被啄瞎了。

琴鸡小姐们看到这场撕斗却坐不住了，它们关切地看着场地上的情况，看谁会赢得最后的胜利。那位年轻的挑战者会赢吧？它那么英俊，羽毛闪闪发亮，尾巴上有漂亮的花纹，它是多么帅气呀！

又斗起来了！它们还没休息一会儿，就又开始打起来了，这次 “绅士”明显占了上风。

双方又落到地上，各自向后跳了两下。

但稍缓了缓，又厮打在了一起，这次年轻的琴鸡略胜一筹。

最后，双方对殴，又向后跳开！

两只琴鸡再一次猛扑在一起。

“砰”的一声，这里突然安静下来，同时一缕白烟从云杉后升起。

琴鸡们愣住了，这声枪响威慑不小，它们个个惊慌失措，伸着脖子四下张望，雌琴鸡站在高处往下察看。

它们没有发现什么异常，四周都是自己人，并不存在危险。大家又都松了口气。

云杉树后的白烟没一点踪迹了，森林又照旧平静。那只雄琴鸡又转移视线，盯着眼前的挑战者，猛地向前扑去，使劲地啄向对方的头部！

激烈的打斗又开始了，一对对雄琴鸡混打起来，场面十分混乱。

站在枝头的雌琴鸡发现，刚才那位“绅士”和它的挑战者都躺在地上不动弹了，它们已经死了！

它们打死对方了吗？谁也没去理会这个问题。

因为地面上的打斗更加激烈。作为观战者，雌琴鸡现在只关心哪一对打得更精彩，谁会取得最后的胜利。

这时，太阳出来了，这里慢慢恢复了平静，琴鸡陆续离开了这里。

躲在云杉树后的猎人走出来，捡起战利品，也就是那位“绅士”和它的挑战者，它们身上的血还在滴着。

猎人拿出一个包裹，将它们放进去，又捡起另外三只琴鸡，他扛着枪，满载而归。

当他走过森林时，他的心一直悬着，因为他现在违反了狩猎规定。他小心地观察着周围的情况，现在还是禁猎期，但他却把寻求交配的雄琴鸡打死了，它就是今天这群琴鸡的主角。

明天，森林剧场不会再有这么精彩的比赛了。因为主角没了，雄琴鸡求爱的活动也就不再举行了。

东西南北无线电呼叫

呼叫！呼叫！

这里是《森林报》编辑部。

今天是 3 月 21 日，今日春分，现在进行第一次全国无线电播报。

呼叫：西方！东方！北方！南方！

呼叫：高山！冻土带！原始森林！沙漠！海洋！

收到请回话，请把你们那里的情报汇报过来！

收到请回话！

来自北极的回电

北极收到，北极现在汇报。今天有个值得庆祝的好消息，阳光终于光顾了北极大陆，漫长的冬季过去了！

刚开始，太阳出来的时间非常短，每天只在海平面闪个头，没几分钟它就又躲藏了起来。

过了两天，太阳只露出半张脸。

又过了两天，太阳终于跳过海平面，升在空中了。

现在，这里的白天非常短暂，只有一小时有阳光。但是人们也非常高兴了，因为白天会越来越长。是的，从这一天起，明天比今天长，后天又比明天更长。

这里冰天雪地，到处被冰层和积雪封得严严实实。北极熊仍然在它的窝里睡大觉。这里找不到任何绿色，更没有一只飞鸟，只有严寒与暴风雪。

来自中亚细亚的回电

我这里是中亚细亚。现在，这里已经种植了马铃薯，以后还要种棉花。这里的阳光早已经灿烂无比，但是这里时常会刮风，刮得到处都是尘土，所以下一步我们要种防护林。这里百花开放，桃树、梨树、苹果树也开花了，扁桃、干杏、白头翁和风信子的花儿却要凋谢了。

乌鸦、秃鼻乌鸦和云雀要飞回故乡了。在这里，它们度过了整整一个冬天。家燕和雨燕也该飞回来了，它们到这里来避暑。野鸭妈妈最辛苦，孵出了今年第一窝鸭宝宝，这些宝贝跟在鸭妈妈身后，要么在地里嬉戏，要么在水里游泳，别提多开心了。

来自远东的回电

这里是远东。

狗狗睡了一个冬天，终于醒来了。

对，你没有听错，就是狗狗，我说的不是熊，也不是土拨鼠和獾。在大家的印象里，狗怎么会冬眠呢？事实就是，我们这里的狗狗的确会冬眠。

在这里有一种特殊的野狗，它个头儿比狐狸小一些，四肢不长，身上有棕黄色的长毛，把耳朵埋得严严实实。冬天一到，它们就藏在窝里睡大觉，它的生活习性和獾很相似。现在，它们睡醒了，到处找吃的，老鼠、鱼，它们都能捉到。

这种狗还有一个名字，叫貉子，样子像美洲的浣熊。

在南方的沿海地区，人们经常捕捞一种鱼——比目鱼，它的眼睛长在一边。在乌苏里边区的原始森林里，小老虎们刚出生，现在眼睛才睁开，就开始观察周围的情况了。

这时候，一些鱼类经常从海洋回到淡水里产卵。

来自乌克兰西部的回电

我们这里已经开始播种小麦。

白鹳从非洲南部千里迢迢而来，人们非常欢迎它们到自己的房顶安家，为此人们把旧车轮子放到房顶上，让它们筑巢。

瞧，白鹳明白了人们的好意，叼来好多小树枝在车轮上建造自己的新家。

此时，养蜂人却有了烦恼，这里出现了一种叫蜂虎的小鸟。它们专以蜜蜂为美食，虽然长得漂亮，但也给蜂农们带来了严重的损失。

来自苔原亚马尔半岛的回电

你们那里已经是春天了吧？好羡慕呀，我们这儿还是严冬。

驯鹿们在野地里忙着寻找食物。它们来自北极圈，现在正用蹄子跑开积雪，找一些苔藓吃。

不久，乌鸦来了。4 月 7 日是乌鸦节。从这一日起，标志着春天的到来。在彼得格勒，人们把秃鼻乌鸦的到来看作春天的到来，这里也是一样的意思，但我们这里没有生活过秃鼻乌鸦。

来自新西伯利亚原始森林的回电

我们这里与彼得格勒的情况类似，但这里有广阔的森林，到处都是针叶林和混合林，这和我国大部分地区是一样的。

这里的秃鼻乌鸦出现在夏天。春天只有寒鸦的到来，这就代表着春天已经来了。寒鸦是出现最早的鸟儿，但冬天它们会离开这里。

我们这儿的春天非常漂亮，可惜的是时间有些短。

来自外贝加尔草原的回电

我们这里的羚羊正向南方大批地迁徙，它们的目的地是蒙古草原。

春天，对于羚羊来说，刚刚融化的积雪糟糕透了！白天，积雪融化，夜里，温度又急剧下降，融化的水又凝结成冰面。可怕的是羚羊的蹄子非常光滑，这个大面积的冰面像玻璃一样，它们在上面走不稳，稍不留神就会四蹄分叉，重重地摔倒在冰上。

羚羊的奔跑速度是极快的。有很多猛兽对它们望洋兴叹，因为羚羊跑起来一溜烟就不见踪影了。但它们难免有不小心的时候，偶尔也会成为这些猛兽口中的美食。

来自海洋的回电，来自北冰洋的回电

我们北冰洋这里现在仍然很冷，洋面上依然漂着许多冰块。冰面上懒洋洋地躺着一群格陵兰海豹，它们有浅灰色的皮毛，两肋处是黑色的毛。母海豹马上要生产了，它们的产房就是冷冷的冰面，刚出生的小海豹很可爱，浑身毛茸茸的，雪白色的皮毛，黑色的眼睛和鼻子，你们喜欢吗？

这些小海豹还没学会游泳，只能悄悄地躺在冰面上，但过不了多久它们就会下水了。

有着黑色脸孔和腰肢的年迈格陵兰海豹现在也爬上冰面了。它们要褪下那一身短而硬的浅黄色粗毛，所以必须得在冰面上漂流一段时间，直到把毛褪净为止。

我们的侦察员驾机在北冰洋上空巡视，它们的任务就是要查看哪一块冰面上有海豹，特别是带着孩子的雌海豹和躺着换毛的雄海豹。

如果有发现，侦查员会把查看的结果向船长汇报，其中一块冰原上的海豹数量最多，都快要把整块冰原占满了。

不久，猎人们就会乘坐一种能在冰原上前行的船，向目的地出发。

品读赏析

本章主要描写春天到了，花草树木复苏，迁徙的鸟儿也飞回来了，城市、农场、森林到处都变得活跃起来，这一切生动地展现了冰雪融化、万物复苏的景象。

春季第二月

4 月 21 日—5 月 20 日

太阳进入金牛宫

候鸟回乡月

名师导读

春天到了，是鸟儿们返乡的时候了。各种各样的鸟儿成群结队地飞回来，天空中、森林里、农场上、城市里……鸟儿们给春天增添了不少热闹的氛围。

一年：分为 12 个月的太阳乐章

已经进入了 4 月，积雪融化更快了。和煦的春风吹醒了大地，带来了春天的气息。你继续往下看，新鲜事越来越多！

这个月，温暖的春风吹化了积雪，让冰冷的水自由奔流，汇成小溪，再流向小河，使河水上涨。湍急的水流狂奔起来，顺着山势一泻而下，水中的鱼儿快乐地跳跃。

> 拟人：形象地说明春风在春天是非常重要的。

大地被春雨滋润个痛快，又换上绿色的新衣裳，上面还点缀着各色的花儿，美丽极了。森林里仍然有些死气沉沉，过不了多久，春天就会光临那里。不过，树木早已恢复了活力，树枝上已吐出了小包包。

候鸟返乡

鸟儿们做好准备，要从这里成群结队地飞回故乡，场面很是壮观。

它们返乡的路线是不会改变的，是它们几万年以来形成的迁徙路线。

> 列数字：“几万年”说明候鸟迁徙的历史已经很悠久了，因此会有固定的路线。

去年秋天，就早有一批鸟儿起航了。那些羽毛鲜亮的鸟儿最晚飞走，那是因为它们漂亮的羽毛太亮眼，光秃秃的树木根本掩藏不了它们，如果它们过早回去，那些猎人很快会发现它们的。当春暖花开的时候，枝芽长出来了，这时才能看见它们的身影。

鸟儿们迁徙的必经路线是“波罗的海航线”，它正好在我们城市和彼得格勒的上空。这个“波罗的海航线”比较长，它连接着阴冷的北冰洋和四季不分明的热带。你去看吧，一到这个季节，天上的鸟儿会排着不同的队形，从这里飞过。它们从非洲海岸，到地中海，到比利牛斯半岛，然后是比斯开湾，还有一个个海峡、北海和波罗的海，最后到达那里。

在这个飞行过程中，鸟儿们可是困难重重。有时海上会有浓雾，潮湿的水汽打湿了它们的翅膀，甚至还会有迷失方向的情况发生，甚至有些倒霉的鸟儿一不小心撞到了坚硬的石壁上，可能会丢了性命。

细节描写

“打湿翅膀”“丢了性命”等具体说明鸟儿迁徙的不易。

海洋上的风暴威力无比，它会吹断鸟儿的翅膀，狂风能把它们整齐的队形吹得七零八落。假如这时海上结冰了，那它们会找不到食物，有可能在饥寒交迫中死去。

很多雕、鹰、鹞等猛禽会在这个时候守候在这条海航线上，它们总是会满怀信心，争取获得足够的食物，而且还不用花费过多的力气。

读书笔记

当然，一些猎人会趁这个机会猎杀不少可怜的鸟儿。

虽然鸟儿们一路艰难险阻，但它们会坚守自己的生活习惯，勇往直前，盼望早日飞回自己的故乡。

当然，不是所有的候鸟都会飞到非洲过冬，也不是所有的候鸟会选择这条波罗的海航线。像瓣蹼鹬，这些个别的鸟儿会选择在印度、美洲过冬。等到第二年春天，它们会飞回这里，途经整个亚洲上空。它们这一飞耗时有两个月，这 1500 千米的长途飞行，是从过冬的地方古巴，到位于阿尔汉格尔斯克郊外的巢穴。

戴脚环的鸟儿

如果你误杀了一只鸟儿，它的脚上戴着脚环，那么，请你记下上面的时间和地址，然后把记录寄到莫斯科 K–9，赫尔岑大街 6 号，这里是鸟类脚环中心管理处。

如果你活捉了这只鸟，那么，就请把脚环上的字母和编号写下来，然后也请把鸟放走，最后把记录寄给鸟类脚环中心管理处。

如果是你身边的朋友或者熟人经历了这样的事，请一定告诉他该怎么做。

为了研究鸟类的生活习性，科学家们特制了铝环戴在鸟的脚上，来观测鸟儿的动态。铝环上分别记着字母和数字，字母表示哪个国家、什么机构，数字表示戴环的时间和地点。所有的记录都保存在科学家的电脑里。

举例说明

说明科学家是如何掌握鸟类的生活规律的。

举个例子来说，假如一只鸟由北方某个机构戴上的脚环，但它在印度被捕获，那他们把这只脚环寄过来，我们就能了解这只鸟飞行的情况了。

也不是所有的鸟儿都飞到南方去过冬，还有一些特别的鸟儿会飞向西方或东方。这些秘密都是我们通过脚环得知的。

林中纪事

到处是泥泞

雪融化了，到处都是泥泞，特别是乡村小路和林间公路，就连雪橇和马车都没有办法出行。我们费了好大劲儿才知道这些森林里的消息。

昆虫的狂欢节

读书笔记

现在，柳树开花了，枝头上有一个个亮闪闪的黄球球，密密麻麻，把柳树上的疤痕都遮盖住了。柳枝看上去毛茸茸的，那么轻柔，一阵微风拂过，它妩媚地扭动起来，十分妖娆。

柳树变得温柔起来，这对昆虫们来说，是最幸福的了。因为此时的柳树就变成了虫儿们的欢乐谷，它们在柳枝间欢唱，多么快乐呀！丸花蜂嗡嗡地歌唱，苍蝇傻乎乎地也来凑热闹，但那勤劳的蜜蜂却一直在忙碌着。

漂亮的蝴蝶飞来飞去，瞧，这只黄蝴蝶翅膀多美呀！还有那一只，它的翅膀上长着两只大眼睛，它就是荨麻蛱蝶。

快，快看！一只长吻蛱蝶落在柳条的花骨朵上，它张开有黑斑点的翅膀，彻彻底底地把这些小黄球遮挡住了，不用想也知道，它们正在用自己的吻管伸进雄蕊里吸食花蜜。

这棵柳树那么热闹，在它的旁边也是一棵柳树。不过，它的样子怪怪的，枝条上的绿色小绒球稀稀疏疏，有一种病态的样子。虽然偶尔也会有昆虫落在上面，但和旁边的柳树相比，显得死气沉沉。还有一点值得一提，这棵柳树会结出种子。因为昆虫把花粉从黄色小球转移到绿色小球上，不久，这棵柳树上就会长出种子来。

读书笔记

荑花序

在小溪和森林的边界旁边，葇荑花序开放了。可是，在刚解冻的土地上根本看不到它们的身影，只有暴晒在阳光下的树枝上，才有它美丽的身影。

那到底葇荑花序是什么样子的呢？有些人可能知道，在白杨树和榛树上，长出了一些长长的穗儿，它就是葇荑花序。

其实，它们去年就已经长出来了。在那个冬天，它们很安静地待着；春天来了，在阳光的照耀下，它们舒展开来，变得像一条条毛毛虫似的。

比喻

形象地描绘出葇荑花序的形状，生动地表达了葇荑花序的可爱。

微风吹过，黄色花粉飘飘洒洒，到处飞扬，如烟尘一般。

除了葇荑花序外，白杨树和榛树上还开着一种雌花。白杨树上的花像小球，呈褐色。榛树上有一些特别饱满的花苞，一根根红须从花苞里伸出来，有点像藏在里边的昆虫的触须，它是雌花的柱头。这些花柱数量每个里面是不一样的，有的两三个，有的四五个。

现在，白杨树和榛树上还没有嫩叶长出来，光秃秃的树枝任凭风儿自由穿行，把葇荑花序吹得左右摇摆，花粉就这样自然地被传到了另一棵树上，最终完成了受粉过程。秋天，榛子就这样结出来了。风同样帮白杨树的雌花完成了受粉，到了秋天，那一颗颗黑球就是它们的果实。

蚁窝的动静

我们发现了一个巨大的蚂蚁窝，它就隐藏在云杉树的下面，因为在树的周围根本没有蚂蚁出现，开始我们一点没注意到，如果不仔细去看，还真以为他们是垃圾和枯叶。

积雪融化了，蚂蚁陆续从窝里钻了出来，它们首先爬到地面上晒晒太阳。经过整整一个冬天的休眠，蚂蚁好像没有一点精神劲儿，它们都趴在洞前，像一个个的小黑球。

我们轻轻地拨动了它们一下，它们也只是懒懒地动一动，没有一点反抗的意思。

它们现在要做到最好的调休，只有这样，才能开始它们以后的工作与生活。

蝰蛇的日光浴

拟人

生动形象地描绘了蝰蛇躺着时的样子。

清晨，蝰蛇躺在一棵干枯的树桩上，懒洋洋地晒着太阳，它是一种有剧毒的蛇。现在天气很冷，蝰蛇体温很低，样子看上去很虚弱，爬行也比较缓慢。

经过太阳的照耀，蝰蛇的体温有所上升，行动也灵活起来，现在它们正准备捕捉青蛙和老鼠。

还有谁没醒

动作描写

叩头虫因为春天的到来，格外兴奋，高兴地在地上翻动。

蝙蝠醒过来了，还有象步行虫、黑色屎壳郎和叩头虫等甲虫也醒来了。叩头虫十分兴奋，它不停地表演着节目，接着又平躺在了地上，然后身体用力“啪”的一声向上弹起，来个空中 180 度大转体，最后稳稳地落到地面上。

此时，蒲公英开花了，白桦树长出了新芽。

春雨过后，蚯蚓也从松软的泥土里钻出来，一些菌类也赶趟似的出来了，就像一把把小伞一样。

在水塘中

水塘最近热闹起来，青蛙睁开了眼睛，它走下用水藻铺好的床位，在水中顺利生产完后，就迫不及待地跳到岸上找食物去了。

蝾螈和青蛙正好相反，它是从岸上跳回水里生活。它的身体肤色是橙黑色的，身后拖着一条大尾巴，有点像蜥蜴。这里的人们赐给它一个特别的名字，那就是“哈里同”。当冬天到来时，它就会跳到森林里的苔藓下面准备冬眠。

癞蛤蟆也醒来了，它正忙着产卵呢。但它和青蛙的卵有很大的不同。青蛙的卵漂在水里，一部分粘在一起，每个空泡上都会有一个小黑点，圆圆的。而癞蛤蟆的卵是成串排列，像一条细长的带子，就挂在水里的草上。

飞鸽传书

春水泛滥

天气变暖了，雪融化得越来越快，使河水上涨，导致森林里发生了洪灾，这让动物们无家可归了。

最近，各处受灾的情况十分严重，受灾最严重的是穴居动物，像兔子、鼹鼠、田鼠，它们这些地下生活的动物们，早已失去了家园。

这时，动物们可不闲着，它们开始自救起来。

矮小的鼩鼱从自己的洞穴里爬出来，它现在藏到灌木丛里，静等洪水退去。但此时，可怜的它缺少食物，早就饿坏了。

洪水来临时，鼹鼠正在窝里睡觉，它差点被淹死。幸好它会游泳，马上逃到安全的地方。

它的水性非常好，能轻松地游上几十米。它还有个特点，就是只要它的身体一沾到水，皮毛会变得很光亮，那样也就暴露了自己，很可能招来杀身之祸。不过，这次它很幸运，没有遇见一只猛兽。

鼹鼠爬到地势较高的一块空地上，迅速开始打洞，为了方便自己藏起来。

兔子遭殃了

兔子这次可遭殃了。

它的家在小河中的小岛上。白天，它得躲避狐狸和人类，总喜欢藏到灌木丛里，只能等晚上出来寻找食物。

这是一只年轻的兔子，没有生活的经验。河水上涨吞噬小岛时，兔子居然没有意识到危险的来临。

这天特别暖和，兔子藏在灌木丛里享受阳光，没有注意到小岛在慢慢变小。直到河水浸湿它的皮毛，它才发现危险来了，但此时，小岛马上会被河水完全淹没了。

兔子很聪明，急忙朝岛中央跑去，那里稍高一些，还有一块土地没有被淹没。

河水涨得太快，一眨眼，小岛就被完全淹没了。兔子急得乱窜，水流也很快，它又不会游泳，只好在这里等待了。

它终于熬了一天一夜。

第二天，岛上能够存活下来的地方更小了，仅剩那么一小块儿干燥的地方。那里长着一棵粗壮的大树，兔子一个劲儿地围着树干转呀转。

第三天，洪水逼近大树，兔子急得直往树上蹦，它不会爬树，但又跳不上去。只听“扑通”一声，它还是掉进了水里。但此时，兔子仍然没有放弃，它努力地往上跳，终于跳到了最低的那根树枝上，它真是累坏了，趴在树枝上一动不动，盼望着洪水早点退去。庆幸的是，洪水不再上涨了。

兔子并不为自己挨饿而伤心，虽然身下的树皮又苦又硬，但也能勉强填饱肚子。此时，它最害怕的事情是刮大风，那会把树吹得来回摇摆，兔子很可能会从树上摔下来，掉进水里。兔子就像抓住了最后一根救命稻草一样，不敢松懈一下，一动不动地紧紧抱住树干。

水流湍急的河面上漂过动物的尸体、树枝和草茎。

这时，它看到河面上漂来一只死兔子，它的双腿和树枝死死地缠在一起，四脚朝天地顺流而过。看到这里，它心里更惊慌了。

这只幸运的兔子终于熬过了 3 天，洪水也退去了，兔子终于又回到了地面上。

但是，它现在必须待在这个小岛上，等到夏天来了，河水变浅，兔子才有机会重回对岸。

水面上的运输

一段段原木从河面上漂过来，自由地漂向下游，这是伐木工人用河流运输被砍伐的木材。工人们在河水流进湖泊的入口处搭建了栅栏，木材在这里被挡下，然后装车运输出去。

彼得格勒州的森林里，有上百条大小河流，它们流入姆斯塔河，再流入伊尔门湖。那里的水经过宽阔的沃尔霍夫河，流入拉多加湖，最终到达了涅瓦河。

到了冬天，伐木工人在森林深处开始做工。等春天来了，他们就会利用河流把这些木材运出去，这样使他们省去了很多运输费用。可是木材里却生出了一种昆虫，叫作木蠹蛾，它们随着木材来到了彼得格勒。

伐木工人发现了很多新奇的事情。

那里的工人讲了一件这样的故事：

在一条小河的岸边，有一个树墩，上面正趴着一只可爱的松鼠，在它的面前有一个松果，它正在美美地品尝美味。这时，它被一只猎狗发现了。猎狗“汪汪”叫了两声，正要冲上去，由于这个树墩旁边没有一棵逃生的大树，所以小松鼠没了退路。它扔掉松果，慌张地逃命，奔跑在河岸边上，猎狗紧追不放。

松鼠看到漂在河里的原木，便“噌”的一下跳到了离自己最近的一根原木上，从第一根跳到第二根上，又跳到第三根上……

猎狗可不愿放弃这到嘴的美味，它尾随着松鼠开始跳原木，但是猎狗可没有松鼠那样灵活的身体，根本不能像松鼠一样在原木上跳来跳去。一不留神，猎狗便滑进了水里，河道里的原木源源不断地漂过，猎狗却再也没有出来。

而小松鼠早就跳过一根根原木，平安地到达了对面的岸上。

还有一个工人也讲了他的见闻：

有一天，他在岸边发现了一只棕色的野兽。它个头儿比两只猫还要大，它趴在一根粗壮的原木上，嘴里咬着一条鳊鱼。这根原木是它的餐桌，这条鳊鱼是它的美餐。吃完后，它伸伸懒腰，一个跟头扎进水里消失了。到后来，他猜想那天他见到的是一只水獭。

农场生活

积雪融化后，人们忙着耕作，拖拉机在田地里更是不肯停歇。拖拉机的作用很大，能耕地、耙地，如果在后面挂上一种特制的劳动工具，都能把树墩挖掘出来，这样便使荒地变成良田了。

突然，来了一群蓝灰色的秃鼻乌鸦，它们紧紧地尾随在拖拉机的后边。那是有原因的，拖拉机从泥土里翻出来丰富的食物是它们最喜欢的。不远处，又飞来一群灰色的乌鸦和白喜鹊，它们自己在刚耕过不久的田地里寻找蚯蚓、甲虫和一些其他幼虫作为美食。

拖拉机把地耕完以后，后面又挂上了播种机，在田地里继续工作，来回穿梭，一粒粒小种子被埋进了土里。

田地里种下了亚麻、小麦和大麦。

现在，黑麦和冬小麦已经长出来了，麦苗蹿得很高，它们是在去年的秋天被播种的，是秋播作物。天冷之前它们就会发芽，长出地面，冬天的雪会给它们盖上一层厚厚的棉被。

每个清晨和傍晚，灌木丛中就会有“切尔，维科”的声响，有时听着像大车经过时的声音，有时听起来又像喜鹊的叫声。

不过，你都错了！这既不是大车，也不是蟋蟀，而是一种漂亮的野鸡——雄灰山鹑。

这种鸟全身羽毛是灰色的，身上布满了白斑。它的眉毛是鲜红色的，脖子和双颊是橙黄色的，脚爪是黄色的。

现在，它的太太——雌山鹑正在灌木丛中造窝呢。

绿油油的小草覆盖了整个牧场。天刚亮，牛、马和羊的叫声就把生活在牧场里的孩子吵醒了。于是，孩子们把它们放出圈外，高兴地去放牧了。

你看，寒鸦和秃鼻乌鸦会停留在马背和牛背上，而且还在他们的背上“笃笃”地使劲儿啄着，可牛和马还挺喜欢它们。

这些鸟儿体重轻，不会给牛和马造成负担。况且，鸟儿们是这些牛和马的医生，专门吃掉它们身上的牛虻和苍蝇的幼虫。这些讨厌的昆虫会在牛马的皮毛受损处，把卵产到里面去。

过了一个冬天，丸毛蜂被养得胖胖的，但仍然到处嗡嗡嗡地寻找食物；黄蜂在花丛中飞来飞去，身体显得更闪亮、多彩。

人们把蜜蜂的家，也就是那个并不大的蜂箱搬了出来，这些勤快的小家伙快乐地钻了出来，晒晒太阳，暖和之后，它们就开始嗡嗡地做工了。

农场要闻

一座新城市

一夜之间，在果园的周围出现了一座新城市。城市里的房屋整齐地排列着，但这些房屋不是刚刚建造的，而是从别的地方整体搬迁来的。这里阳光充足，居民们非常喜欢这里的环境。

马铃薯的节日

马铃薯迎来了它们自己的喜事。这天，它们有乔迁之喜，准备搬到田地里去居住了。如果马铃薯会唱歌，此刻它们一定会高歌一曲。人们把它们有序地放进木箱里，然后用汽车运走了。

为什么人们不用麻袋来装马铃薯呢？为什么这么小心呀？

原来，它们是人们培育的马铃薯的种子，它们已经发芽，表面长出了好多鼓起的根芽，那就是马铃薯的种子。

奇怪的坑

去年秋天，不知什么原因，学校的试验田里挖了好多坑。在里面时常会见到青蛙，所以好多人猜想，这些坑是不是用来捉青蛙的呀？

人们现在终于知道了原因，这些坑是用来种植果树的。

孩子们在这些坑里栽种了梨树、苹果树、李子树和樱桃树。

小幼苗非常柔弱，最害怕被风吹倒了，于是，孩子们在坑中支起了木桩，把幼苗捆绑在上面。

给牛剪指甲

农场里的剃头匠们可够忙的了，那些牛正等着他们来为自己修剪指甲。他们将牛蹄子洗刷干净后才开始修剪。这些牛马上要去牧场了，所以需要将它们弄干净、弄整齐才好。

开始农忙了

农忙时节，拖拉机是停不下来的，晚上人们也都要忙着干活。不过，到了晚上，田地里只能听到拖拉机的声音，但天一亮，田地里就热闹起来了。拖拉机的后面跟着成群的寒鸦，蚯蚓被拖拉机从地里刚一翻出来，就被寒鸦抢个精光，可蚯蚓的数量惊人，它们是吃不完的。

有些田地紧邻河流和湖泊，这下拖拉机的后面紧跟着的是白色鸥鸟。它们最喜欢吃刚被翻出来的新鲜蚯蚓和昆虫。

飞来的小鱼

五一农场里迎来了一批刚周岁的小鲤鱼。人们把它们放进水箱，再用飞机空运而来。旅途不算远，但水箱足以使每条鱼平安无事。当它们一旦被投放进鱼塘，就开始快乐地游动了。

尼·巴甫洛娃

城市新闻

植树周

积雪消融了，大地变得松软多了。植树周又来临了，它是每年春天植树的日子，大多市民都会在这几天植树。

城市里的每个角落布满了孩子们挖好的树坑，他们的身影来回穿梭在房屋后、道路旁。

涅瓦区少年自然爱好活动站也有所行动，特意为这次植树周准备了上万棵树苗。其中两万棵云杉、白杨和枫树的树苗被苗圃培育场分给了海滨区的学校。

塔斯社彼得格勒讯

树种储蓄箱

我们国家田野广阔，但是每年的自然灾害也是不小，就如大风，会让农作物有不同程度的伤害，所以我们便开始植树造林、保护耕地了。学校的孩子们早已知道，植树造林是我们每位小公民的义务。你看，在六年级一班的教室里出现了一个树种存储箱，这个箱子就是用来收集一些树种的，孩子们很乐意去做这件事情。这个箱子里的种子种类很多，如枫树种子、白桦树葇荑花序和坚硬的棕色橡子。在这件事情上，小维佳最值得表扬，因为他个人上交的榛树种子有 20 多斤重！到了秋天，这个箱子肯定会被装满，到时候学校会把这些种子全部交给政府，苗圃培育场肯定也非常欢迎它们。

丽娜·波丽亚科娃

街头的活动

每到晚上，城郊的天空中就会飞来许多蝙蝠，它们为了捕捉空中的蚊子和苍蝇，也不害怕街上行走的人。

这时候，燕子通常也会出现。我们这里常见的燕子有三种：第一种尾巴像剪刀，脖子上有红斑，总会在屋檐下建巢，它们是家燕；第二种尾巴特别短，脖子是白色的，常常在石头上筑巢，它们是毛脚燕；第三种胸脯是白色的，常在悬崖上的石洞里建窝，它们叫灰沙燕。

这三种燕子在飞来很久之后，雨燕出现了。怎样区分雨燕和其他燕子呢？非常简单，雨燕一边飞行，一边发出刺耳的尖叫声，它们浑身乌黑。雨燕的翅膀也很特别，半圆形的，就像一把镰刀似的。家燕却是尖角状的翅膀。

这时候，也出现了令人讨厌的蚊子。

园子里起舞的蝴蝶

潮湿的陆地被太阳晒出了一层薄雾，植物都被它笼罩着。温度渐渐地升高了，雾气也渐渐地散了。

草地上有一只长吻蝴蝶飞来了，它的身形较大，它扇动着翅膀在空中飞舞着。它褐色的翅膀上长满了蓝色的小点，翅膀尾部是白色的，好像天鹅绒。

旁边又来了一只蝴蝶，它长得很有趣，很像荨麻蝶，个头儿比长吻蝴蝶还要小，翅膀的颜色也非常单调，全身都是浅棕色的，翅膀的边缘是锯齿状的，好像被别人撕裂了似的。

如果你对它感兴趣，可以仔细观察一下，你会发现他的翅膀下边有一个不难看出的字母“C”，所以人们都叫它“C 字白蝶”。

接下来，小粉蝶和大白蝶将会粉墨登场。

奇特的七鳃鳗

有一种特殊的鱼类，样子像蛇，就生长在从彼得格勒到撒哈林岛的河流湖泊里。它的身体又细又长，体表没有鳞，奇怪的是，鳍没有在身体的两侧，而位于身体后部靠近尾巴处的地方。当它们在水里来回游动时，身子扭来扭去，形态像蛇一样。

它们的嘴巴就是个大吸盘，看上去像个漏斗。不认识它的人肯定会误以为是个大蚂蟥呢！因为它们的嘴巴长得太有特点了。

这种鱼被人们称为七鳃鳗，是因为它的身体上有 7 个呼吸孔。

七鳃鳗在很小的时候，常常生活在河底的泥沙里。所以有人会误以为它是泥鳅。小朋友非常喜欢去捕捉这些小东西，因为它们是钓大鱼的最好诱饵。

七鳃鳗长大后，用自己的吸盘稳稳地吸在大鱼身上，大鱼根本甩不掉它们，所以，它们会跟着大鱼进行一场免费旅行。

渔民介绍说，七鳃鳗偶尔会吸附在水底的石头上，然后身体来回摇摆，最终会把石头挪动，它们会把卵产在石坑里。七鳃鳗的力气算是惊人吧？

就因为它们有这个特点，所以它们又被称为吸石鳗。

虽然它们的样子长得很奇怪，但你如果将它们炸来吃，那味道也是美极了。

飞机上的有翅乘客

在这次航班里，有一批非常特殊的乘客。听，它们正乱哄哄地在机舱里嗡嗡叫，这是一群蜜蜂，一群来自高加索的蜜蜂，足有 800 只。它们被锁在一个木箱子里，这是要从库班登机到彼得格勒去。

这一群蜜蜂是比较尊贵的，飞机上专门为它们准备了蜂蜜，以供它们食用。

尼·伊凡钦科

晴天里的雪

5 月 20 日，一个阳光明媚的日子，但是让人不敢相信的是，这么好的天竟下起了雪！亮晶晶的雪花像成群的萤火虫在空中飞舞，飘飘洒洒地落到地上。

夏天，雪花可没有肆虐的能力，这场雪持续不了多长时间，轻盈的雪花连落到地上的机会都没有就融化了，但却湿润了干燥的空气。

在这个时候，小朋友们是最兴奋的。如果你迎着雪花来森林里转一转，你会惊奇地发现，在森林里长出了许多褐色小伞，它是一种很特别的蘑菇，名字叫羊肚菌。

驻森林通讯员　维利卡

“咕、咕”的叫声

5 月 5 日的早上，城外的公园里突然传来一阵“咕、咕”的叫声。

又过了一周，晚上很温暖，寂静的灌木丛里响起了几声悦耳的鸟叫声。开始时，那响声很轻微，不一会儿，声音越来越大。随后，很多鸟儿加入了合唱团，那声音美妙极了。

原来呀，这是一群快乐的夜莺在歌唱。

品读赏析

本章主要写进入春天，冰雪已经完全融化变成了春水，冬眠的动物们也都苏醒了，候鸟们成群结队地返乡，农场也开始忙着播种，城市里小动物们也活跃起来了，到处都变得热闹起来。

春季第三月

5月21日—6月20日

太阳进入双子宫

欢歌跳舞月

名师导读

5月的春天，森林里、城市里、农场里到处都有小动物们载歌载舞，花草树木也努力地生长着，到处都是热热闹闹的。

一年：分为12个月的太阳乐章

现在已经是5月了，大地一片欢腾，春天已经给森林里所有的植物换上了漂亮的绿衣。

这个5月，可以说是唱歌跳舞月，在森林里，到处是欢乐的气氛。

这时候，太阳是个胜利者，阳光战胜了黑暗，温暖战胜了严寒。万物生长，生命不息。大自然到处生机盎然，到处充满活力。树木亭亭玉立，英姿飒爽，数不清的昆虫在林间炫耀着自己的特殊本领。白天，家燕和雨燕为了宝宝们四处寻找虫子，鹰和雕在上空盘旋着，茶隼和云雀放声歌唱。傍晚时分，蚊雌鸟和蝙蝠开始活动，它们要忙着捕捉害虫。

拟人

突出了树木勃勃的生机。

蜜蜂最忙碌了，它们拍打着翅膀飞到这儿飞到那儿，不停地在花丛里采蜜。这时森林上空传来美妙的声音，那是琴鸡、野鸭、啄木鸟、鹬等动物在欢快歌唱。这场景正如一句诗里写的："苏联的每寸土地上，大自然的万物都喜气洋洋。森林中的肺草，从去年的枯叶中探出头，亮晶晶地闪着蓝光。"

5月的早晚温差很大，白天暖洋洋的，动物们在树荫下乘凉。一到晚上，气温还是很低，马儿是需要铺上草垫的，人们还得睡暖床呢。

愉快的5月

森林里的动物们开始活跃起来，它们分别在展现自己的能力。这些从骨子里都好斗的家伙早就跃跃欲试了，正寻思着找个好对手干上一仗。这也是森林里随处可以看到鸟的羽毛和兽毛的原因了。

拟人

布谷鸟和夜莺是夏天的象征，听到它们的叫声说明夏天到了。“春天‘钻进’夏天‘怀抱’”，可见夏天带着威严，而春天是温柔的。

不久，夏天就来了，鸟儿们赶着把窝做好，为宝宝们准备好一切。

老人们经常这样说，春天就像一位姑娘，她想常住在俄罗斯，但一听到布谷鸟和夜莺的叫声，便钻进夏天的怀抱了。

林中纪事

森林里的乐团

在5月，夜莺没白天没黑夜地歌唱，从来不觉得疲惫。

设问

针对孩子们的好奇点提出问题，引出下文写鸟儿的“歌唱”，勾起读者的兴趣。

孩子们很奇怪，夜莺为什么会不停地唱歌呢？它们打算唱到什么时候才会停下来呢？它们每天只有在中午和午夜各睡一个小时。更奇怪的是，它们唱一会儿就会打个盹儿，然后继续唱。

鸟儿们的演唱会往往会在早晨或是傍晚，它们都有自己的拿手本领。不妨仔细听听，有敲鼓的，有吹笛子的，有独唱的，还有拉琴的。嗡嗡、哇哇、呱呱、汪汪、咚咚、嗷嗷……甭提多热闹了。那尖叫声、咳嗽声、低吟声、哀叹声……各种声音交叉在一起。

燕雀、夜莺、鸫鸟，它们的歌声悠扬动听，婉转悦耳；甲虫和蚂蚱发出“吱吱……呀呀……”声，这是它们在草丛里拉琴呢；黄鸟和白眉鸫合作完成了笛子演奏；狐狸和白山鹑哇哇乱唱；牝鹿发出咳嗽声；狼在嚎叫；蜜蜂嗡嗡嗡、嗡嗡嗡地忙碌着；猫头鹰咚咚咚地工作着；青蛙呱呱、咕咕地乱叫着。那些唱歌不好听的动物也不闲着，它们也欢快地拉着各种乐器。

啄木鸟在一棵干枯的树枝上敲击着，发出巨大的声响。所以这棵树的干枯树枝成了啄木鸟的大鼓。尖尖的嘴就成了它的鼓槌，尽情地敲打着。

天牛的脖子是天然的小提琴，只要那脖子一扭动，就会发出悦耳的声响。

旅　客

树上的叶子还没有茂盛起来，阳光透过树叶缝隙照射在地面上。在大树与灌木丛的下面，摇摆着黄色的顶冰花。这些花儿在太阳的照射下，闪闪发光，紫堇花也开放出艳丽的花朵。

景物描写
表现让人赏心悦目的景物。

这些漂亮的小花像春天的使者，让人赏心悦目，紫堇花的花朵像一件工艺品，精致好看，那一束束紫色的小花长在长长的花茎上，旁边还有嫩绿色的叶子相伴，叶子的周边呈锯齿状，这一切看起来是多么漂亮呀！

现在，树荫浓密了很多，阳光不会直射到顶冰花和紫堇花上了。所以，它们的花期不长，正如一位位匆匆过客。一旦播完种子，它们也就完成了使命。它们的根部像蒜头一样，深深地埋在肥沃的土里，默默地等待着来年的春天。

比喻
形象地说明了顶冰花和紫堇花的花期短，让人想留也留不住。

很多人喜欢在花园里养些花花草草。如果你家也有，一定要记住，在花还没落尽时，把那些长长的根茎挖出来，如果它们在冻土里，千万别把根茎弄断了。如果在温暖的地方，土壤相对疏松，根茎会离地面近一点。在你刨取根茎的时候，一定要注意这些啊！

尼·巴甫洛娃

田里的声音

今天，我和同学走在宁静的小路上，准备到田里去除草。突然，从草丛里传来一个声音，“不及布罗基！（拟声词）不及布罗基！”这是鹌鹑的叫声。我们就笑着回答：“我们现在就是去除草呀！”可是它才不理睬我们，仍然不停地欢叫着。

我们来到一个池塘边，正巧碰上两只青蛙趴在岸边，其中一只“朵拉！朵拉！朵拉”地叫着，而另一只却“萨玛咔咔哇！萨玛咔咔哇”地回应着。

当我们快走到田里的时候，田凫来欢迎我们了。它顶着圆圆的脑袋，在我们头顶上叫着：“你们是谁（拟声词，发音与俄语‘你们是谁’相似）？”我们回应它说：“我们是科拉斯诺亚尔卡村里的！”

就在我们走到田边时，田凫过来迎接我们。只见它圆圆的脑袋，很可爱，它在我们头顶上发出了一种声音：“乞夷维？（拟声词：你们是谁？）乞夷维？”我们也做了回应：“我们是科拉斯诺亚尔卡村里的！”

驻森林通讯员　库洛奇金

读书笔记

鱼之歌

水里有各种各样的声音，曾经有人把它录了下来，大家听到了这些与众不同的声音：有沙哑的吱吱声，有高亢的嘎吱声，有低沉的歌唱声，有特别的咯咯声、嗒嗒声……这些都是海洋里鱼儿们发出的声音，各有各的调儿，各有各的特色，根本没有雷同一说。

如果说海底世界是个无声的世界，那可就大错特错了，鱼类也会发出它们自己的声音。我们人类用现代科技，搜集到海底美妙的声音，这对海洋业的发展有着积极的作用。人们用这些设备，在海洋里进行捕捞，准确地找到了鱼群的所在地。这样，渔民就能直奔目的地，捕捞更多的鱼。人类还专门研制了一种模仿鱼儿声音的设备，用于对鱼儿的诱捕。

天然房顶中藏身

花粉在植物部位中算是最娇贵的，它不能被任何水分沾染，就连雨水和露水都对它们有了威胁。那这些花是怎样保护花粉的呢？

设问

引出下文具体描写植物对花粉的保护。

铃兰、覆盆子和越橘花的花瓣就像一串铃铛，是朝下生长的。所以，不会害怕雨水打湿花粉。

金梅草花朝天开放，但花瓣向内弯曲，像一个小汤匙，花瓣好多层，紧紧地簇拥着，像一个小毛球球。即使天空下雨，花粉也不会被打湿。

凤仙花是最聪明的，它的花蕾都长在叶子下边，这些叶子变成了花蕾的保护伞，所以，凤仙花的花粉更不会轻易被打湿。

野蔷薇和莲花有一种自我保护机能，遇到刮风下雨时，它们的花瓣会立刻合拢，把花粉彻底地保护起来。

毛茛花的花瓣在下雨时，头会自动地耷拉下来，这样，雨水根本打湿不了花粉。

尼·巴甫洛娃

最后到来的鸟儿

春天马上就要过去，在南方过冬的最后一批鸟儿也回到了彼得格勒。

鸟儿们穿着鲜亮的衣裳，这倒和我们预测的一样。

拟人

形象地描写了鸟儿的羽毛很漂亮。

此时，大自然中的花开了，五颜六色，好看极了；大树和灌木丛披上了绿大氅。鸟儿们隐蔽在茂盛的树叶里，躲避着猛兽的袭击。

在彼得宫旁的小溪上，停留着一只翠鸟，它来自埃及，羽毛是蓝绿色的，里面偶尔还有一些棕色的羽毛。

树丛里传来黄鹂那悦耳的歌声，它们有金黄色的羽毛、黑色的翅膀。它们来自非洲南部，那叫声像是在吹笛子，又像是猫咪的呜呜声。

在稠密的灌木丛中，野鹟和小川驹鸟也来了，小川驹鸟的肚皮上有蓝色的漂亮羽毛，野鹟则有五彩斑斓的羽毛，美丽极了。金黄色的鹡鸰常常出没在沼泽地里。

读书笔记

伯劳、流苏鹬、佛法僧鸟也都纷纷飞回来了。伯劳们的肚皮上是粉红色的羽毛，尾巴是亮红色的。流苏鹬有五彩缤纷的羽毛，脖颈上的羽毛是蓬松的。佛法僧鸟的羽毛也非常好看，蓝中透绿。

秧鸡徒步行千里

秧鸡是用两条腿从非洲走来的，它是一种很另类的动物。虽然它长着翅膀，但很少飞行，因为它飞得很慢，鹞鹰、游隼很容易就会抓到它。

不过，秧鸡奔跑的速度十分快，它很机警，善于躲藏。所以，它只在草丛、树丛里悄悄地徒步前进。它穿过整个欧洲，但如果遇到特殊情况，比如，大海，它就会飞翔越过，它会趁着夜色，悄悄飞行。

现在，秧鸡已经抵达这里，草丛中常常传来它“叽叽！叽叽”的欢叫声。但别看你能听到它的叫声，你要想看到它的真面目却很困难，因为秧鸡太善于隐藏了。不信，你可以试一试！

开荤的松鼠

松鼠在冬天只是以植物为食，比如蘑菇、果仁等。到了万物复苏的时候，这些小松鼠就可以开开荤了。

鸟儿们在他们的新家里产下了蛋，很快，宝宝们就能破壳而出了。

现在，松鼠就成了肉食动物，它灵活地穿越在树枝之间，认真地搜寻着鸟窝，如果能找到鸟儿和鸟蛋，那它就能美美地吃上一顿了。

松鼠身体娇小，是那么可爱，但在搜查和破坏鸟窝方面，松鼠的能力却是毫不逊色的。

寻找浆果去

在阳光的照射下，草莓已经成熟了，鲜亮的果实多么吸引人呀，这种香甜可口的果子，就是我们一直追求的最爱啊！

一种叫桑悬钩子的植物生长在沼泽地里，在这个季节也成熟了。一株草莓苗上最多可生长 5 颗果子，而桑悬钩子就不同了，每株上面只结一颗果子，甚至有的花只开放不结果。

尼·巴甫洛娃

这是哪种甲虫

我看到了一只甲虫，但不清楚它叫什么名字。

它长得像瓢虫，但全身黑乎乎的，身体滚圆滚圆的，长着六条腿，靠翅膀飞行，它有两对翅膀，上边一对是硬翅，黑色的，下边是一对软翅，黄色的。它们飞行时先打开硬翅，再用软翅飞行。

它还有一种特殊的自我保护能力。在危险来临的时候，它的小腿、触须、脑袋都会缩进自己的肚皮下面，你把它放在手心里，就感觉是一颗黑色的豆子，谁都不会说这是一只甲虫。不过，你如果不去惊动它，它一会儿就会把小腿、触须、脑袋伸出来。

我很想知道这只甲虫到底是什么。

柳霞·留托宁娜

农场生活

此时，农场里的人们非常忙碌。地里播种完后，人们又开始忙着运肥料，准备给植物施肥。菜园里刚刚种下土豆，这时打算种胡萝卜、黄瓜、芜菁、饲用芜菁和甘蓝等。亚麻也长高了，许多杂草夹杂在里面，人们必须得去除草。

孩子们也不闲着，也参与到劳动中。孩子们帮助大人栽种、除草、修枝，甚至是把白桦树的枝条折下来，制成扫帚。田野里长着鲜嫩的荨麻，它可是超级野味。有的孩子是捕鱼能手，他们掌握着多种捕鱼方法，比如，用鱼竿来钓小鲤鱼、斜齿鳊、鲈鱼、鳊鱼等；钓鳕鱼和小梭鱼时，需要鱼篰和鱼梁，要想捉住它们，必须先下鱼饵。

孩子们在一个长杆子一端捆上网框，又在框上装上袋形的网，工具就这样做成了。

晚上，孩子们也不肯闲着，他们在岸边放下多个虾网，静等虾自投罗网。岸上的篝火生着了，孩子们在篝火旁边欢蹦乱跳，累了就坐下来歇一歇，这真是一个快乐的童年。

去年秋天种下的麦子此时早已齐腰了，其他农作物长势也都挺好的。早上传来灰山鹑的叫声，这时候母山鹑正在孵蛋。当蛋快要孵化时，他们不会乱叫，因为叫声会招来灾难，鹰、狐狸和小孩子们会对它们的鸟蛋非常感兴趣的。

驻森林通讯员　安娜

父母的小帮手

学校放假了，孩子们都在田地里帮大人干活。他们边玩耍，边消灭害虫、除草，干得热火朝天，真是家长的好帮手啊！

孩子们好像不知道什么是累，边玩边干，是那么快乐！

庄稼马上就要成熟了，农活也越来越多。等麦子一收完，孩子们就会跑到田地里拾麦穗，帮大人们捆麦束。

驻森林通讯员　安娜

农场要闻

助人为乐的逆风

突击队员收到了一封联名投诉信，来自农场里的亚麻们。农场里长了很多杂草，它们剥夺了小亚麻成长所需的营养。农场收到信后，派了专人去清除这些野草。你看，工人们光着脚丫，十分卖力地清除着那些杂草，但有一些小亚麻被踩坏了。幸好有了风的帮忙，很快那些亚麻就挺直了腰，它们站在微风里摇晃，吸收养料准备茁壮成长。最终，野草被消灭完了，亚麻可以茁壮成长了。

尼·巴甫洛娃

今天头一次

快来看，农场里可热闹了，一群小牛在奔跑玩耍！它们到牧场上来可是第一次，它们这儿看看，那儿看看，甭提多高兴了。

尼·巴甫洛娃

绵羊的脱皮大衣

在红星农场，有一间特别的理发室，那里有 10 位经验丰富的剪毛师傅。他们不停地忙碌着，专门为绵羊剪毛。只见，他们手里拿着工具，温柔地为绵羊修剪羊毛。那些剪好毛的绵羊就像脱掉了一件外大衣一样，轻松、舒适。

尼·巴甫洛娃

妈妈在哪里

工人们把绵羊的毛修剪好后，又将这些羊妈妈送回了小绵羊的身边。

“妈妈呢？我的妈妈去哪里了？妈妈，妈妈！”小绵羊看到母绵羊后根本认不出来了，纷纷乱叫起来。在工人师傅的帮助下，小绵羊终于找到了自己的妈妈。接着，工人们继续为下一批绵羊剪毛。

尼·巴甫洛娃

牲口越来越多

今年春天，农场里格外忙碌，因为这里新来了一群小伙伴：小牛、小羊、小猪，它们陆陆续续出生了。这个农场变得更加热闹起来。昨天晚上，“小溪”农场里的饲养员家里又添了3只小山羊。这是母山羊库姆什加的功劳，这三个宝宝分别是库加、姆扎和施加利克。

尼·巴甫洛娃

重要的节日

果园里有一个非常重要的节日，果树的花都开放了。快来瞧一瞧，雪白的梨花开放了；樱桃树上，成串的花儿好看极了；用不了多久，苹果树花也要开放啦！

尼·巴甫洛娃

农场新生活

对于番茄来说，昨天是极有意义的一天。人们把它们从温室里移植到农场的田地里，它们的旁边是黄瓜。这些西红柿在温室里生长得很好，被搬出来后很快就开花了。可是，黄瓜还在婴儿期，还被薄膜保护着，只露出一个小头儿来。由于它们还很娇嫩，那些馋嘴的鸟儿一旦发现它们，一定不会放过它们的。

尼·巴甫洛娃

六条腿的益虫朋友

在庄稼地里，有很多种数不清、说不清的昆虫，当我们一提到昆虫，一定会想到那些破坏庄稼的害虫。但是庄稼地里也有些有益的昆虫：蜜蜂、丸花蜂、姬蜂、甲虫、蝶类等。它们虽然身体弱小，但为庄稼传授花粉立下了汗马功劳。瞧，它们正在为黑麦、荞麦、大麻、苜蓿、向日葵等植物授粉呢！

能传授花粉的昆虫数量并不是很多，但在庞大的植物家族面前，它们显得力不从心了，所以，人类就向植物伸出了援助之手。

例如，给黑麦、荞麦、亚麻等植物进行人工授粉。首先找一条长绳子，两个人一人一头，在地的两头站好，绳子从植物头顶慢慢掠过，然后把枝头轻轻打弯，这样上面的花粉就会落下，风儿轻轻把花粉吹起，花粉就会传播开来。

给向日葵授粉就不能用这种办法。我们先把向日葵的花粉涂抹在一块兔皮上，再用这块兔皮轻轻拍打每朵盛开着的向日葵花盘，方法也很简单。

尼·巴甫洛娃

城市新闻

会说人话的鸟儿

有一天，一位市民向我们诉说了一件有趣的事情：“昨天早上，我在公园遛弯，偶然听到一阵说话的声音，就在路旁的灌木丛里，这声音很清脆，但很小，却能听清在说什么，肯定地说是在问我：‘你看到特里西卡了吗？’但我扭头去寻找声音的来源，并没有发现有人呀？只看到旁边的灌木丛里有一只红羽毛的小鸟站在枝杈上，不会是这只鸟在跟我说话吧？我从没见过这种鸟，而且我也不认识什么特里西卡。我正在疑惑时，它又问了一声，‘你看到特里西卡了吗？’我想近距离观察它，却被我吓跑了。”

从这位市民的描述中，我们可以判断这是一种叫朱雀的鸟，它们产自印度，能发出尖哨一样的声音，不同的人会有不同的理解，有人听它好像是在问：“你看到特里西卡了吗？”也有人听它好像在问：“你看到格里希卡了吗？”

跑到彼得格勒的驼鹿

5 月 31 日清晨，彼得格勒的梅契尼科夫医院附近出现了一头驼鹿。就在这几年，城市里常常会发现驼鹿的踪迹，它们大多是来自符谢沃罗得区的森林里。

海里来的朋友

最近，从芬兰湾到涅瓦河游过了一大批鱼，它们的名字叫胡瓜鱼。它们来这里是为了产卵的。渔民们可算忙起来了，抓紧时间打捞胡瓜鱼，因为它们产完卵就会游回大海去。

其实，海里有很多鱼是游到这河里来产卵的，等产卵结束再回到海里生活。但也有一种鱼却是跟大家相反的，它平时生活在河里，等到产卵时就会到海里去。这鱼就是小扁头，它们出生在大西洋的海藻丛里。

对于这种鱼，我们肯定会有些陌生。它们在很小的时候，生活在海藻里，这时候才叫小扁头，因为它在大海中，身体扁扁的，像一片树叶，而且身体呈半透明状，体内的器官都能看得清清楚楚，所以人们才叫它们小扁头。

小扁头生活在海洋里，一待就是三年，等第四年时，成群的小扁鱼就会从大西洋游到涅瓦河，这段路程有 2500 多千米。当它们来到河里时，身体早已经长大，像蛇一样，这时人们给它们又起了一个名字，叫鳗鱼。

彼得格勒新出现的野兽

近年来，在彼得格勒叶菲莫夫区和附近几个区内的森林里，猎人们狩猎时常常会遇到一种野兽，就连经验丰富的猎人也不清楚它们叫什么。它们跟狐狸一般大小，人们把它们叫作乌苏里貉，也有人称它们为狸。

乌苏里貉是非常珍贵的皮毛兽。今年在彼得格勒，人们经常看到它们的身影，因为彼得格勒的气候温暖，所以它们在这里过冬根本不需要冬眠。

它们是坐火车来的，这次同行的一共 50 只，它们来到森林里就是为了平衡这里的生态。10 年后，它们的子子孙孙就会永远生活在这里，到那时，猎人便有了新的猎物。

风力定等级

风是我们的好朋友。

炎热的夏天要来了，如果再没有一点风，那感觉就糟糕透了。烟囱里的烟直直地向上升起，足足证明了户外没有一点风。此时，空气流动速度最多也就在 0.5，风力是 0 级。

人们看到烟囱里的烟歪向一边，也能感受到丝丝凉风，这时，风的速度大概是每秒 0.3~1.5 米，或是每分钟 18~90 米，或是每小时 1~5 千米。与人步行的速度很是接近，于是，这种风速被定为一级，也称它为软风。

当你听到了树叶沙沙响的时候，风速会达到每秒 1.6~3.3 米，也就是每分钟 96~200 米，每小时 6~11 千米。这时，风速接近咱们人类跑步的速度，所以被人们定为二级，也称之为轻风。

当风把树枝吹得摇摆不定时，风速会达到每秒 3.4~5.4 米，或是每小时 12~19 千米。这时的速度与马儿奔跑的速度很接近，所以，这种风速被定为三级，也称之为微风。

当空中尘土飞扬的时候，海面上也是波浪荡漾，树木晃动，风速达到了每秒 5.5~7.9 米，因此，这种风被人们定为四级，也称之为和风。

当森林里的树枝来回摇摆不止时，发出了呼呼的声响，海面也起了波涛，风速就达到了每秒 8.0~10.7 米，或是每小时 29~38 千米，所以，人们定这种风为五级，也称为清风。

当森林里的树木疯狂摇摆时，绳子上的衣服也被风吹掉了，人们头上的帽子也被掀掉，排球场的比赛也被迫停止了，这种风的速度已经达到了每小时 39~49 千米。这速度接近了火车行驶的速度了，所以被人们定为六级。

坐着小船进春水泛滥区

今晚，乌云密布，天空黑压压的，仿佛已经是秋天的夜晚。

我和塞索伊奇乘着一条小舟，顺着森林里的河道缓缓前行。塞索伊奇的枪法不错，是一个优秀的老猎手。他经验丰富，但对捕鱼有成见，他总看不起那些捕鱼的人。虽然我们今天的目的是捕鱼，但是他硬要说是去“猎鱼”，因为我们今天没有用传统的捕鱼工具。河道两边地势险峻，我来负责划桨，塞索伊奇负责仔细观察着河面的动静。

小船滑过这段难行的河道，驶进一片开阔的区域。我们隐约可以看到探出水面的灌木丛，河岸上两旁是一片模糊的树影，前方是黑压压的一片，可以推断那里是一片森林。

夏天，这里有一条小河和一个湖泊，一道狭长的堤岸把它们隔开了。岸上生长有茂密的灌木丛，小河和湖泊有一条河汊相通，现在已经进入汛期，小河汊被河水淹没不见了。小船可以自由地在小河与湖泊之间划行。我们在船头准备了干松树枝和松脂，以方便引火。

这时，塞索伊奇把松树枝点燃了，一堆篝火在船头亮了起来，终于，我们借着亮光看清了周围的情景，就连两岸光秃秃的灌木枝也看得清清楚楚。

我们无心去欣赏这美景，我们弯下身子，紧盯着船下和有光亮的地方。我慢慢地划着桨，小船在水面上缓缓移过，没有一点儿声响。

小船来到湖泊中央，现在眼前所能看到的只有黑压压的水面，水并不深，但却让人感觉深不可测。阴森的湖面，让人觉得毛骨悚然，好像水里暗藏着一只怪物一样，它偷偷地在水里盯着我们，随时会向我们发动进攻。篝火照着近处，水里好像有东西在晃动，它是怪物？不，那它是水藻？是被水淹没了的陆地上的草？

这时，水面上缓缓升起一个银白色的小球，开始，它上升的速度很慢，后来速度加快，体积变大。小球就从小船下面升起，眼看着就要撞向我的头，我猛地把身子退了回来。

这时，小球变成了一个红色的气球，一瞬间又破裂了。

原来，它是水下的腐质物产生的小气泡。

突然，我感觉自己像是乘坐一艘宇宙飞船，遨游在一个陌生的星球上一样。

我隐约看到水下飘过有几个岛屿，上面有茂密的树林，也许是芦苇吧。

小船正前方有一个庞大的黑色的妖怪，只见它张牙舞爪，说像章鱼吧，又像鱿鱼，有密密麻麻的触手，那样子十分吓人。小船离它越来越近，我们仔细一瞅，原来是一棵白柳树，只不过此时已被水淹没。

塞索伊奇站起身来，手拿鱼叉，眼睛一眨不眨地盯着水下的动静。此时，他就像个战场上的武士，手端长矛，准备与对手决一死战。

那木柄长有两米，下端是五根锋利的钢齿，肩上有倒钩，只要插住鱼儿，它就别想逃脱了。

篝火把塞索伊奇的脸照得通红，他不时向我做了个鬼脸。我拉起手中的小木桨打算让小舟缓缓停下来。塞索伊奇用钢钗瞄准水里一个黑影，那黑影就像一根棍子，再仔细一看，原来它是一条大鱼的脊背。

塞索伊奇握紧长矛，鱼叉慢慢伸进水里，斜对目标，等待机会。突然，他把鱼叉竖了起来，使劲儿刺向那条鱼。

鱼中招了，扭动身子，湖面上荡起不小的水花。他提起钢叉，这胜利品是一条大鲤鱼。

我继续划船前行，一条鲈鱼钻在灌木丛里像睡着了一样。它个头儿很小，就在水面下，以至可以清清楚楚地看见它腹部的纹路。

我看了看塞索伊奇，他摇摇头，他看来这鱼太小，所以它幸运地逃过了这一劫。

我划着小船，游荡在这宁静的小湖上。黑夜的水面熟悉而又神秘，但我看来这里就是一个丰富多彩的世界。塞索伊奇在忙着寻找目标，我却在一旁欣赏起美景来。

塞索伊奇锋利的钢叉又收获了一条鲤鱼、两条鲈鱼和两条细鳞的金色鲤鱼。已是深夜，黎明即将来临。船头燃烧的枯枝和火红的木炭不时被吹落在水里，伴随着“嘶嘶”的声响，同时一阵白烟升起来了。被惊扰的野鸭，扑棱乱飞。在阴森的小树林里，一只小猫头鹰自言自语，好像是抗议我们这些不速之客。灌木丛里，小公鸭嘎嘎嘎，那声音很是悦耳。

我突然发现前面有一段短原木，急忙划桨掉头。如果跟它撞在一起，我们的船会吃亏的。塞索伊奇惊喜地说道：“停！梭鱼！那是梭鱼！”

显然，此时，他很激动。

鱼叉柄上紧紧地系着一根绳子，塞索伊奇利索地把绳子的另一头捆在手上，然后用力向梭鱼刺去。梭鱼也中招了，但它努力反抗，竟然拖着小船滑行了一段，但最终还是没能逃脱塞索伊奇的手掌心。

这条鱼那么大，塞索伊奇用尽全身力气才把它提到船上来。这时，天已经泛白，黑琴鸡开始叽叽咕咕地鸣叫了。

塞索伊奇很满足了，将鱼叉递到我手里，建议我打猎，他划桨，他说好好把握这次机会，多捕些大鱼。

船板上还有一些木料没有烧尽，现在天已经亮了，塞索伊奇干脆直接把它们扔进水里，随后和我换了换位置。

湖面上升起的雾气慢慢被吹散，太阳钻出了地平线，幸福的一天就这样开始了。

树林周围的薄雾还没有完全消散，小船就沿着森林的边缘前行。

塞索伊奇示意我做好准备。

此时，小船路过的地方曾经是一片林地，现在早已全部淹没，沿岸是白桦林。远远看去，一群琴鸡站在枝头。它们那胖体型竟然没把那纤细的枝头压断，也是难得。

雄琴鸡很肥壮，小脑袋，长长的尾巴梢上还有两根尾羽，像小姑娘的小辫子。它们的羽毛黑乎乎的，在阳光下很光亮，相比那些雌琴鸡身材小巧，羽毛呈淡黄色。

水面上停留着一群鸟，它们的羽毛呈黑色或浅黄色，它们把脑袋埋进水里，在水面上漂浮着。小船离它们越来越近，塞索伊奇轻轻地划动着小船。这些鸟的警惕性很高，我们很小心地接近它们。

枝头的琴鸡安静地注视着我们，也许它们在猜想，这两个人在干吗呢？会不会伤害我们呀？

鸟类的思维算不上敏捷，当我们离琴鸡还有 50 步左右时，它们还若无其事趴在树枝上享受阳光，树枝被它们压弯了。它们扑扇着翅膀，来维持身体平衡，可能它们此时在想，危险如果来临应该往哪儿飞最安全。

琴鸡们悠闲地站在树枝上，一副懒散的样子，看来它们没有意识到我们的到来。

我缓缓地举起枪，瞄准其中一只琴鸡，然后“砰”的一声枪响，这声音在寂静的水面上显得格外响亮，惊动了整个森林，回荡在耳边。

那只琴鸡被打中了，它落进水里，溅起水花，其他琴鸡受到惊吓，马上张开着翅膀拍打着飞走了。

这时，我赶紧把枪瞄准另一只琴鸡，但这次我没打中它。

不过，又有这么大一个收获，我们已经感到很满意了。

塞索伊奇向我祝贺道：“运气不错呀！”

我们划着船寻找那只被打死的琴鸡，等捞上来后就整理物品，准备返航。

一群野鸭掠过水面飞走了，丘鹬表演着节目，黑琴鸡也唱着嘹亮的歌，那欢快的鸟叫声在森林里回荡。

这时，太阳升到半空，四周到处是鸟叫声，虽然我们忙了一整夜，但我们丝毫没有觉得累。

本报特约通讯员

诱　饵

这段时间，每个农场都不太平，有的农场的牛犊被熊咬死，有的农场的母马也被熊咬死，所以说灰熊最近老是在这里的农场出没。

这里最优秀的猎手塞索伊奇提出了自己的看法："现在我们必须做好防备，不能让熊这样肆意妄为。我有一个办法对付那个坏家伙，我想用甫里奇家那只被咬死的小牛犊做诱饵。如果那个坏家伙再来，他绝不会逃出我的手心！"

为了赶快消灭隐患，大家同意塞索伊奇这个办法，让他大胆地去干。塞索伊奇驶车到森林里，停靠在一块空地上，把牛犊头朝东放好。

塞索伊奇凭借自己丰富的狩猎经验知道，头朝南或朝西的动物尸体会引起熊的警惕，因为熊的疑心很重，它才不会那么容易上当的。

塞索伊奇又用白桦树树干在死牛犊的四周搭了一圈栅栏，接着，在不远处并排的两棵树上，搭建了一个简易的树枝瞭望台。它离地面两米左右，晚上可以在上面"守株待兔"。一切准备就绪，塞索伊奇便开车回家了。

这一周，塞索伊奇每晚按时回家，根本没有蹲守的意思。不过，每天早上，他都会来死牛犊的周围观察情况，接着，抽着香烟思索着什么，然后就又回家了。

过去好些日子了，人们对他的办法表示了怀疑，甚至有人半开玩笑地对他说：

"塞索伊奇，一个人在森林里不好受是吧？是不是觉得自己家的热炕上舒服呀？"

塞索伊奇一点儿也不生气地回答："那该死的家伙就是不出现，死守在那里也不起作用！"

他们又说："总是这样等可不是办法，小牛犊会臭了的！"

塞索伊奇竟然说："有臭味了更好！"

塞索伊奇蛮有信心的样子，谁也猜不透他是怎么想的。

其实塞索伊奇胸有成竹，因为他知道，熊在农场周围出没的时间也不短了。那头熊肯定注意到死牛犊了，所以它不必再去农场冒险了。

塞索伊奇每天来这里观察情况，他已经发现了熊曾经来过的痕迹。熊为什么没有行动呢？那是因为它还不饿。可能大家并不清楚，它更喜欢吃的是动物腐烂了的尸体。在等死牛犊再腐烂一些，那才是它最爱的美味。

已经过了一个星期了，塞索伊奇照旧天天回家。

这天，塞索伊奇仔细观察熊留下的脚印，断定这坏家伙曾经来过，而且死牛犊身上少了一大块腐肉。

就在这一天，塞索伊奇晚上没有再回家，他端着猎枪等候在瞭望台上。

夜深了，森林里特别安静，所有的动物都进入了梦乡。

其实并不是如此，在夜幕降临后，有很多夜行动物才开始出动：猫头鹰站在树梢上，静静地观察着周围的一切，野鼠是它的目标，它毛茸茸的翅膀飞起来没有一点儿声响；刺猬在沼泽边转来转去，它的目标是青蛙；兔子正欢快地啃着树皮；一只獾起劲地刨着脚下的土，它的目标是植物的根茎。

塞索伊奇困极了，突然，熊出来了，它轻轻地靠近死牛犊。

“咔嚓”一声，迷迷糊糊的塞索伊奇立刻清醒了。

这个初夏的夜晚虽然没有月亮，但天依然很显亮。塞索伊奇清楚地看到一只大黑熊，它正在往栅栏里挪动。它那么大的力气，栅栏肯定挡不住它，此时，它钻进去马上要对死牛犊下口了。

“你终于来了，我等你等得好苦呀，来吧，让你尝尝子弹的味道！”塞索伊奇一边想，一边瞄准了那只大黑熊。

“砰”的一声，枪声打破了整个森林的寂静，兔子被吓跑了；獾惊叫一声躲进洞里；刺猬缩成一团；猫头鹰张开翅膀也飞走了。

过了一会儿，森林里恢复了平静。动物们又开始各忙各的了，好像什么事也没发生过。

塞索伊奇从瞭望台下来，走到尸体边，抽起烟来。抽完烟，他就像凯旋的战士一样，雄赳赳气昂昂地扛着枪往家走，准备回家可以美美地睡上一觉。

天亮后，塞索伊奇对一些年轻人说：“小伙子们，快准备马车，到森林里把那个大坏蛋运回来吧。它再也不会祸害咱们的牲畜了。”

品读赏析

本章主要写了5月的春天，大地一片欢腾的景象，森林、城市、农场的小动物们都活跃起来了，有一起打架的，有一起跳舞的，有一起唱歌的，非常热闹。

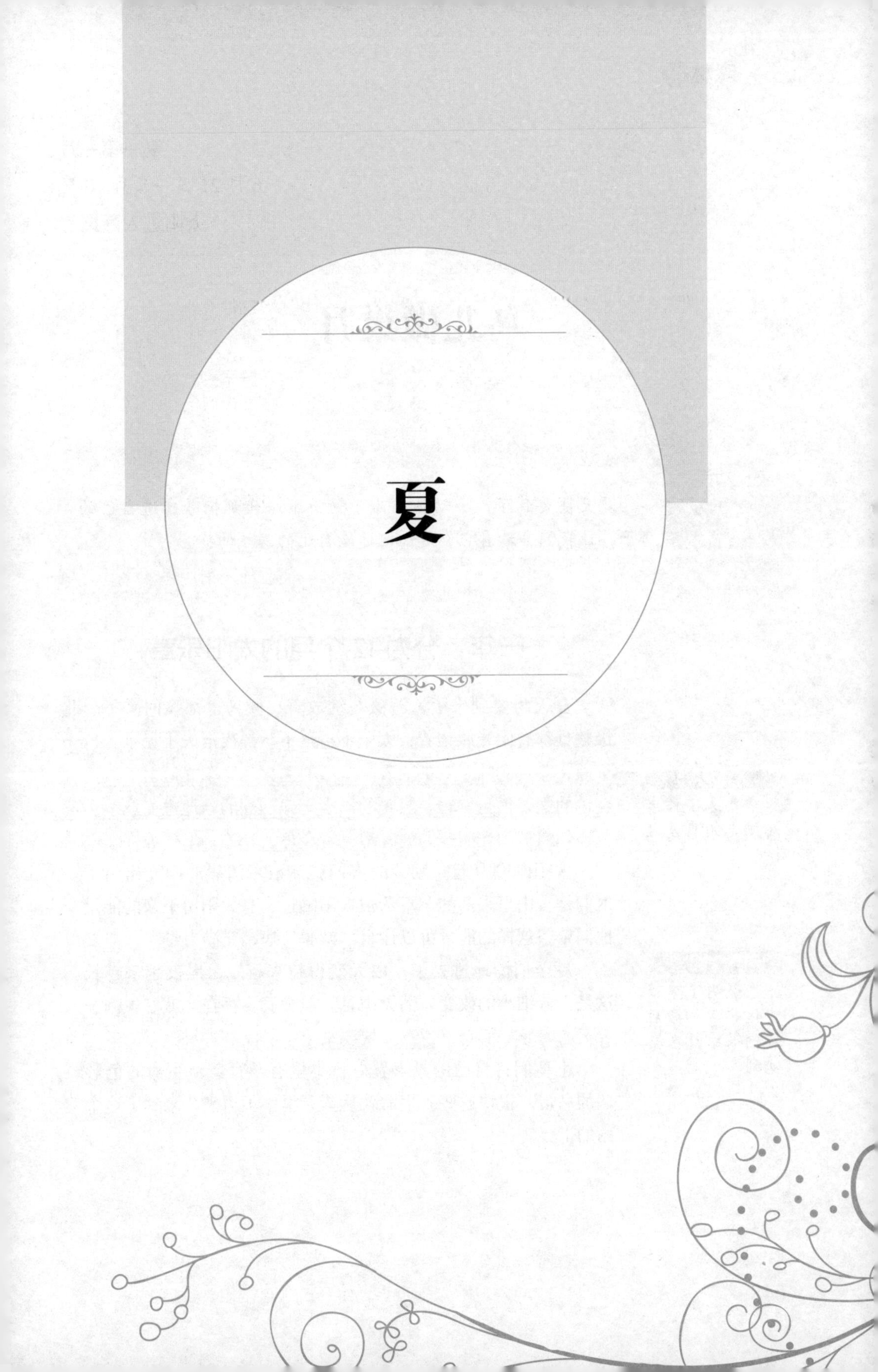

夏

夏季第一月

6月21日—7月20日

太阳进入巨蟹宫

鸟儿做巢月

名师导读

夏天快要到了，小动物们为了繁衍下一代都忙着建造自己的房子，让我们去看看它们是如何建造自己的房子的！

一年：分为12个月的太阳乐章

夏天将要到来了，蔷薇花绽放着，候鸟也都飞回来了。北极整日都有阳光照耀着，太阳不再落下，黑夜消失不见了。每天早晨，花草的叶子上都沾着晶莹透亮的露珠，阳光照射下，泛着金色的光，很是好看。温暖的阳光把绿油油的草地也变成了金黄色，任何被阳光照耀的地方都泛着金色的光芒，十分美好。

景物描写　表达了作者对阳光的喜爱之情。

太阳刚刚升起，勤劳的人们就沐浴着清晨的阳光出门了。他们是去山里采药的，草药被太阳晒过，有太阳留下来的能量，他们希望这样的能量可以让自己摆脱疾病，充满力量。

夏至悄悄地过去了，白天变得越来越短，黑夜越来越长。这是十分细小的改变，悄无声息，但又确实存在。就好像刚迎来春天的时候人们总会说夏天快要来了一样。

语言描写　说明了季节变化非常细微短暂，很难让人察觉到。

小鸟们将自己的巢安置好，巢里有孕育着新生命的色彩斑斓的鸟蛋。很快这些新生命就从蛋壳里钻了出来，来到了这个美丽的世界。

住所不一样

就要开始孵化自己的小宝贝们了，鸟儿们都在大森林里忙碌地准备着自己的家。《森林报》的信息员们打算去进行一次调查，打听一下这些动物现在过得如何。

各种不同的房子

夏天是个适合迎接新生命的季节，小动物们在森林里的各个角落搭建着自己的新家：地上地下、水上水下、树枝上、树干里、草地上……

黄鹂的家是用大麻、草茎和毛发搭建的，就在高大的白桦树枝上，像是一个精致的花篮。里面的黄鹂蛋被细心、稳当地保护着，风吹雨打都不会掉下去摔碎，真神奇！

还有鸟儿在草丛里安家，如百灵鸟、林鹨、鹀等。我们的信息员最满意的是篱莺的家，它是由干草和苔藓建造而成的，头顶有顶棚，还有门。

而鼯鼠、啄木鸟、猫头鹰和一些别的鸟儿都把家安在树洞里。

鸊鷉最爱把家安在水面，用干草、芦苇和水藻搭建而成。它们是会潜水的水鸟，住在这样一个漂浮在水面的家里，就像乘着小船到处旅行一样。

还有河榧子和一种银色的水蜘蛛，它们把家安在水底下，也十分有趣。

住在别人家

有些动物很懒，不愿自己建房子，也有些动物不会自己建房子，于是它们就住在别人的家里。

杜鹃常常把自己的蛋下在鹡鸰、知更鸟、黑头莺或者是别的一些会建房子的小鸟的家里。

还有黑丘鹬，它不会自己筑巢，所以它们一般都是找一个废弃了的乌鸦窝，然后就在里面生儿育女。

船砢鱼安家和产卵的地方也总是一些被废弃掉的虾洞，这些小洞一般都藏在水底的沙壁上。

我还看到过一只聪明的麻雀，它在安家这件事情上表现得十分机智。

它一开始建的房子在屋檐下面，但是很快，一群调皮的小男孩就破坏了它的房子。

后来，它又在树洞里筑了个巢，但是伶鼬偷偷钻进了它的家，把它下的蛋都偷光了。

最后，麻雀把家安在了大雕的房子旁边。麻雀的窝很小，在大雕的房子旁边并不显眼，而且也不占地方。

现在，麻雀再也不用害怕自己的房子被破坏了，因为大雕是不会在意身边有麻雀这么一个小邻居的，而有雕住在自己旁边，伶鼬、猫儿、老鹰这些敌人再也不会靠近麻雀了，小男孩也不敢再来了。

群居的动物

森林里有些动物喜欢一个大家庭住在一起。

蜜蜂和蚂蚁的房子里能住下成千上万的家庭成员。成群的秃鼻乌鸦喜欢住在果木园和小树林里，而沼泽地或者浅滩则常常被海鸥占领。灰沙燕则都住在河岸的小洞里。

窝里是什么

每一只鸟窝里面都有蛋，但是这些蛋都是不一样的。

不同的鸟产下的蛋也不一样，这是有原因的。

丘鹬的蛋上面长着很多的斑点，歪脖鸟的蛋是白色的，透着点儿绯红色。

歪脖鸟下的蛋是不怎么会被别人发现的，因为它们都是把蛋下在很黑暗的树洞深处。而丘鹬则不同，它们会直接把蛋下在草丛里，完完全全暴露在空气里，不被任何东西遮挡。说不定你一个不小心就会踩到它，因为它们下的蛋的颜色跟草丛的颜色很像。

野鸭的蛋也是白色的，跟丘鹬一样下在草丛上，不被任何东西遮挡，但是它们有办法解决自己的蛋被偷的危险。在离开之前，它们会从肚子上啄下来一些羽毛把蛋盖住，这样别人就不会一下就看到裸露在草丛里的蛋了。

那又是为什么，兀鹰下的蛋是圆圆的，而丘鹬下的蛋却有一头是尖尖的呢？

其实答案很简单，因为丘鹬的体型比较小，但是它们下的蛋却很大。当蛋有一头是尖的时，就能够尖头对尖头，很容易就能把蛋集中到一起，这样在孵化的时候，丘鹬小小的身体才能够把下的蛋全部遮住。

但问题又来了，兀鹰的体型比较大，为什么它们下的蛋却跟丘鹬的蛋大小差不多呢？

这个问题的答案就让我们留到下一期的《森林报》上吧，到那个时候，小丘鹬也应该出生了。

林中纪事

獾的家被狐狸占了

狐狸家里的天花板不知怎么地掉了下来，整个房子都塌了，小狐狸差一点儿就被压死在下面。

房子肯定是没法再住了，小狐狸想着，得赶紧搬家。

就这样，狐狸来到了獾的家里。獾的家是它们一家人一点儿一点儿地挖出来的，住在里面非常舒服，而且很安全。为了防止敌人抓它们，獾在洞里挖了好几个出入口，还挖了好几条密道，把房子弄得跟迷宫一样，很方便它们遇到危险时逃生。

獾的家也很明亮，十分宽敞，就算是两家人要住在一起也是完全可以容纳的。

但是无论狐狸说什么，獾都不同意狐狸一家住进来。因为獾十分爱干净，它把家里收拾得井井有条，一丝一毫的脏乱它都受不了，所以它怎么也不会让狐狸带着孩子跟它们合住。獾毫不留情地把狐狸从自己家赶了出去。

但狐狸很想住在这样的房子里，它想出了一个办法来对付獾。

它装模作样地走进了树林，其实是躲在旁边的一簇灌木丛后面观察着，等待时机。

过了一会儿，獾从家里出来了。它四处张望了一番，发现狐狸早就离开了，于是它也很安心地出门找吃的去了。

狐狸趁机溜进了獾家里，在它家里捣乱，把獾的家弄得乱糟糟的，还拉了一泡屎。獾回来后看到这样的场景，十分生气，不得不到别的地方重新安家。

獾搬走后，狐狸就带着孩子们住到了獾的家里。真是狡猾的狐狸！

植物的有趣之处

水塘里长满了苔草，它也被叫作浮萍，但其实它们不是同一种植物。浮萍的根很细，长得也很奇怪，绿色的小圆叶漂浮在水面上，长着一个很小的突起，那便是它的茎和枝，长得像是一个绿色的饼。浮萍没有叶子，偶尔也会开出几朵小花朵，但也并不常见。但是浮萍繁殖很快，只要从小茎上分出小的枝，那一个浮萍就变成了两个。

这种植物的生活是自由自在、无拘无束的，它们漂到哪儿就生活在哪儿，随遇而安。看到有野鸭从身边经过，它们也会攀附在野鸭身上，跟着野鸭一起走。野鸭将它们带到另一片水塘，它们也就就势在那里开始新的生活。

尼·巴甫洛娃

花儿变魔术

矢车菊的花开了，它们都是会变魔术的魔法师，林子里的草地和空地上都是它们，开满了它们紫红色的花朵，跟伏牛花一样。

矢车菊的花长得很复杂，它的花序是由很多朵小花组成的，花盘四周还长着一些毛茸茸的、像是小牛角一样的小花。那些都是不能够结子的无实花，而那些紫红色的细管儿才是真正的花。细管子里生长着一株雌蕊和很多株雄蕊，只要轻轻碰一下那些小的细管，它立刻就会倒向一边，然后管子的小孔里会露出小团的花粉。

停顿一会儿，你再去触碰它，它又会倾斜，然后再露出一小团花粉。

真是十分有趣!

但是这些花粉并不是随便掉出来的，它们能感受得到昆虫的靠近，只要有昆虫来了，它们就会露出一些花粉。这些花粉有的会被吃掉，也有的会沾在昆虫的身上。这时候，哪怕只要有一点儿花粉被传播到另一株矢车菊那里，那它的任务就算圆满完成了。

尼·巴甫洛娃

夜晚的杀手

这些天，森林里的大家伙儿都很惊慌，因为森林里出现了一个很神秘的“夜间杀手”!

已经连续好些天了，每晚都会有好几只小兔子失踪。这个杀手的行踪很隐蔽，不管是飞翔的鸟儿，还是总是待在树上的小松鼠，又或者是常在各种地方走来走去的小老鼠都不知道这个杀手是从哪里冒出来的。这个杀手真的很神秘，它有时候躲在草丛里，时不时跳出来吓人，也有时候从灌木丛里突然窜出来，甚至有的时候从树上跳下来，让人无法防备。更让人感到恐慌的是，“夜间杀手”可能并不是一个，而是有一大群，这可如何是好?

现在，只要天黑了，小鹿、琴鸡、松鸡、榛鸡、兔子、松鼠这些小动物就都不会出门了，它们吓得直哆嗦，躲在家里，吃不好饭，睡不好觉。

几天之前的一个夜晚，獐鹿妈妈带着两个孩子到森林的空地上吃东西，獐鹿爸爸在它们旁边不远处的地方观察着，保护着它的家人。

突然，一个黑影从灌木丛里窜了出来，扑到獐鹿爸爸身上。獐鹿爸爸没有防备，被扑倒了。獐鹿妈妈听到动静，立刻带着两个孩子逃走了。

第二天白天，獐鹿妈妈再次到昨晚的那片空地上去，发现地上有两只犄角和四个蹄子，那肯定是獐鹿爸爸留下的。獐鹿爸爸遭遇了不测，獐鹿妈妈伤心极了。

也是一个夜晚，驼鹿差点儿也丢掉了性命。那个时候它正在林子里玩耍，不经意间看到树枝上长了一个很奇怪的木瘤，就在它旁边的树干上。于是驼鹿走近了，想一探究竟。驼鹿的体型很大，身强体壮，它很少害怕什么，而且它的头上还长着一对很坚硬的犄角，遭遇危险的时候它们就是它的武器，所以它更是有恃无恐了。它刚刚走过去，旁边就有一个几百千克重的东西窜了出来，压在它的脖子上，令它几乎喘不过气来。

驼鹿被这个突然的袭击吓了一大跳，它拼命地晃动自己的脑袋，好不容易才把压在脖子上的那个可怕的东西给甩出去，然后它立刻转头跑掉了，都没来得及看那个怪物一眼，也不知道到底是个什么东西。

究竟是什么呢？

这片森林里是没有狼的，而且就算有，狼也不会爬上树啊！也不该是熊，因为现在不是熊出没的时节，现在它们应该还在森林深处休息呢。再说了，熊从来不会到树上去袭击别人的。那到底是什么东西会压到驼鹿的脖子上去欺负它呢？这个夜间的杀手到底是什么呢？

直到现在，真相还没有被揭晓，一切都在调查之中。

夜鹰的蛋不见了

森林通讯员在行走的过程中看到了一个窝巢，研究了一下，发现那是夜鹰的巢，而且里面还有一颗蛋。当通讯员走近了想要再仔细看的时候，夜鹰妈妈却飞走了。

但是通讯员没有因为夜鹰妈妈不在就拿走窝里的蛋，他们只是记录下了窝的具体位置。

大约过了一个小时，通讯员又回到了这个夜鹰的窝巢旁边，却发现里面的蛋不见了。

蛋去哪里了呢？两天之后通讯员才查清楚，原来是夜鹰妈妈做的，它害怕人类会偷走自己的蛋，所以假装飞走，然后在我们离开后赶忙把蛋转移到了别的地方去了。

对抗入侵者

在之前的记录里，我们有讲述过棘鱼是怎么在水下建房子的。

雄棘鱼把房子建造好之后，就会出门去找自己的妻子。它把一条雌棘鱼带回家来，雌棘鱼从房子一侧的门游进来，在房子里面产卵，产完卵之后再从另一侧的门出去。

然后雄棘鱼会再去找它的第二位妻子，接着还有第三位、第四位……做法跟之前是一样的，这些雌棘鱼都是在屋里产完卵就离开，它们不会再回来，而它们产下的卵都由雄棘鱼照顾。

雄棘鱼一个人住在家里，里面都是雌棘鱼留下的卵。这些鱼卵光被雄棘鱼照顾是不够的，它们还要经历很严峻的考验才能存活下来。河里面有很多喜欢吃新鲜鱼卵的动物，雄棘鱼的体型很小，它为了不让自己的孩子们受伤害，只能勇敢地跟那些觊觎鱼卵的动物对抗。

不久之前，有一只鲈鱼看上了棘鱼的卵，它钻进了棘鱼的家里，雄棘鱼毫不犹豫地冲上来跟这个想要伤害自己孩子的家伙展开对抗。

棘鱼浑身长了五根利刺，有两根长在腹部，三根长在背脊上。被偷袭的时候，雄棘鱼竖起浑身上下的五根利刺，去刺鲈鱼的要害部位——鱼鳃。它用尽全力刺过去，鲈鱼被它的攻势吓到了，灰溜溜地逃跑了，因为鲈鱼的鱼鳃是没有任何保护的，很容易受伤。

真凶被发现

今天晚上，森林里又有一起凶杀案发生了，这次的受害者是松鼠。我们勘察了现场，认真分析了种种线索，最后终于弄明白，神秘的“夜间杀手”其实是北方森林里的猛兽——猞猁！

猞猁妈妈带着长大的小猞猁觅食，常在树上爬来爬去。它们的眼神十分好，就算在晚上，它们的眼睛也跟白天一样明亮，看得十分清楚。

鼹鼠

通讯员从加里宁格勒发回报道：

“我打算在森林里树立一个用来练习爬树的杆子，准备挖土的时候，我看到一只小动物，身形大约5厘米长，全身长着棕黄色的毛，背部长着像翅膀一样的薄膜。它像是黄蜂，又像是鼹鼠。但是它长着六条腿，我猜想这是一种昆虫。”

编辑部的回答：

这是一种名叫蝼蛄的昆虫，因为长得很像鼹鼠，所以它有个外号叫“赛鼹鼠”。蝼蛄的两只爪子很宽，那是用来掘土的，也很长，像剪刀一样。

蝼蛄长着薄薄的两颚，就好像是牙齿一样。

蝼蛄在加里宁格勒很少见，在彼得格勒也不多见，但在南方各州却很常见。

很多时候，蝼蛄和鼹鼠一样，生活在地下，挖掘通道，产卵。它们的窝也很像，都是堆个小土堆。但不一样的一点是，蝼蛄会飞，鼹鼠不会。

要想见到蝼蛄，得到潮湿的泥土里去找，特别是水边。选择一个地方，每天天快黑的时候浇上水，再盖一些碎木屑，晚上的时候蝼蛄就会钻到下面的泥土里去。

刺猬会救人

玛莎今天很早就起床了，她收拾了一下，然后进了森林。

她来到一个长满了草莓的小山冈，十分高兴，采了满满一篮子的草莓。回家的时候她不小心摔倒了，脚丫被一个尖的东西刺伤了，她疼得大叫起来。

玛莎低头一看，发现自己踩到的是一只蜷在草丛里休息的小刺猬，它“吱吱”地叫着。玛莎边哭边擦着血，受伤的地方很疼，她感到特别委屈。

就在这时，小刺猬停止了叫唤。

蛇正慢慢地朝玛莎爬过来。它是一条灰色的蛇，背上有锯齿形状的黑色花纹，有很强的毒性。玛莎吓傻了。

就在这时，那只小刺猬飞快地奔向蛇，竖起浑身的刺去扎那条蛇。蛇被逼得一步步后退，小刺猬趁机咬住了它的头，十分勇敢！

玛莎这才回过神来，忙跑回了家。

蜥蜴当妈妈了

我在树桩边抓到了一只蜥蜴，于是把它带回家养在一个玻璃罐里。我每天都好好照顾它，给它很多好吃的，而它每次也都很给我面子，会把我喂的东西都吃下去。它最爱吃的是甘蓝菜里的白蛾子。

早上，我看到玻璃罐的沙土里有十几只很小的椭圆形的卵。蜥蜴把它们放在可以照到阳光的地方。经过一个多月，终于爬出来十几只小蜥蜴。

现在，蜥蜴妈妈常常带着小蜥蜴趴在小石头上晒太阳，看起来很温馨。

驻森林通讯员　舍斯加科夫

燕子一家的生活

（选自少年自然科学爱好者的日记）

5 月 25 日

今天，我一直在观察一对燕子，看它们忙碌地搭建自己的小窝。

它们一大早就开始了工作，中午休息了三个多小时后又接着干起来，直到太阳下山。有时候会有它们的朋友过来，猫不在的时候，它们会在横梁上停留很久，叽叽喳喳的，像是在聊天一样。

搭好的燕子窝形状像下弦月。为什么要搭成这样呢？因为虽然是雄雌燕子一起建窝，但是它们出力是不一样的。雌燕干活很卖力，衔泥的时候头总是朝左边歪着，而雄燕则总是朝着右边，衔泥的次数也没有雌燕多，所以建成的窝右边比左边短，像是下弦月一样。

雄燕真是不懂事，比雌燕身强体壮，干的活儿却比雌燕少！

6月28日

今天，燕子把新家布置好了，住了下来。感觉很温馨、和谐。

6月30日

燕子一家都住下来了。雌燕在家里产卵，雄燕常常飞来飞去，给雌燕找吃的。

它们的朋友又来做客了，小脑袋往窝里探着，好像在向雌燕问好。雌燕也探出头来跟它们聊天。

这几天，猫总是爬到屋顶上来四处看着什么，它是在打未出生的小燕子的主意吗?

7月13日

半个月过去了，雌燕还是一直在家里，只有中午会出门，晒太阳，或者喝点儿水，捉几只蚊虫充饥。吃饱喝足之后它会继续回到窝里。

但今天开始，它们一直飞来飞去。我看到雄燕衔了一小片白色的蛋壳，雌燕还出去捉了小虫子，看来小燕子们出生了！

7月20日

出事了！猫儿不知什么时候开始在掏燕子窝！窝里的小燕子们“叽叽”地叫个不停。

就在这时，一大群燕子飞回来了，它们围着猫打转，一只燕子太靠近猫儿了，只看见猫儿朝它扑过去……

但猫儿扑了个空，从横梁上扑通一声掉了下去。猫儿瘸着脚走开了。太棒了，小燕子们安全了！

驻森林通讯员　维利卡

小燕雀和妈妈

有一天，我在我家的院子里看到一只小燕雀。它在我脚边扑腾，我抓住了它，将它放在窗台上。

不一会儿，它的爸爸妈妈找来了食物喂它。

我一直没有放走小燕雀。天黑了，我把它放进了鸟笼。第二天，我很早就起床了，抬眼就看到燕雀的妈妈叼着一只小虫子在窗边等着。我赶紧打开窗子，然后躲在一边看着它们。

燕雀妈妈很快就飞到了鸟笼边。小燕雀看到妈妈很开心，叽叽喳喳地叫着。燕雀妈妈小心翼翼地给自己的孩子喂食。

趁着燕雀妈妈又出去觅食的时候，我将小燕雀从鸟笼里放到了院子里，希望燕雀妈妈带走它。等我再次回到院子的时候，小燕雀已经不在了。一定是被妈妈带走了。

伏洛佳·贝科夫

金线虫

听说，有一种名叫“金线虫”的虫子，它通常生活在水边，会趁人们洗澡的时候钻进人的皮肤，然后在皮肤下面钻来钻去，让人很难受。

金线虫的身体是红棕色的，非常坚硬。就算用力砸它，它也不会有事。而且它很灵活，能伸能缩，能把身体变成各种形状。

其实，金线虫并不会伤害人类，它只是一种普通的虫子罢了。雌金线虫在水边将卵孵化成幼虫，幼虫会依附在宿主身上，在它们的身体里钻来钻去，直到宿主死去。如果宿主被别的生物吃掉，那这些幼虫就会转移到吃掉宿主的生物的身体里去。幼虫长大后会重新回到水中。但它们是绝对不会伤害人类的。

乌云大象

有一团黑漆漆的乌云从天空中飘过来，像是一头大象，而且这头“大象”还时不时地把鼻子伸到地面上来，每当这时，地面就会扬起一大片尘土。那些尘土不断地飞舞着、旋转着，变成了一根很粗大而且不会断开的圆柱。圆柱的气势越来越凶猛，最后跟天空中的乌云相连接，变成了矗立在天地之间的一根巨大的柱体。然后“大象”就收回了柱体，开始去往下一个目的地。

“大象”来到一座小城，这才变得老实了。突然，“大象”身上飘下来很多雨点儿，终于下起了滂沱大雨。雨声不停地响着，还有一些东西也一同砸了下来，这是什么？原来是一些小蝌蚪、小青蛙和小鱼。它们正在水坑里欢快地蹦跶呢。

为什么会这样呢？原来是这片乌云依靠着龙卷风的力量，不但吸上来了森林里湖泊中的水分，顺带着把水里的小蝌蚪、小青蛙和小鱼也吸上来了。它把它们带到这座小城，扔下了它们，自己就不负责地离开了。

树木的战争（续前）

云杉统领了这片采伐地，野草和小白杨的命运也就发生了改变。云杉总是欺负它们，它们也不敢说。森林通讯员观察了云杉的生长之后就去了另一片采伐地，他们很熟悉那里，并在那里看到了云杉在战争第二年的情况。

云杉有两个弱点：

第一，云杉的根很浅，秋风吹过之后，很多弱小的云杉都被刮走了。

第二，云杉不够粗壮，没法抵御冬天的寒冷，很多树枝在冬天被冻死了。

云杉并不是每年都结果的，所以也许起初它们会有优势，但没法长久发展。

当春天到来的时候，初生的小草们也会加入战斗。而这次，小白桦和小白杨都是它们的劲敌。它们长得高挺，野草并不是它们的对手，反而能帮它们的忙，保护它们。野草生长很慢，而树木生长很快。久而久之，野草头顶的太阳都被树木遮挡了。

白桦和白杨的枝叶很稀疏，但也很肥大。它们就像胜利者一样，遮住小草的阳光，十分骄傲。但他们也有疏漏，一些野草能侥幸得到阳光和空气，也就能够长大。而更多的情况则是它们晒不到太阳，最终渐渐枯萎。

最终，白桦和白杨占领了这片地方。

我们的通讯员又到第三块地方探寻，敬请期待下期内容。

农场生活

农场里是一片忙碌的景象。割草机不停地工作，机器轰轰地响着，到处都是清新的草味儿。人们干劲十足，孩子们也加入了，用力地帮忙拔大葱，十分高兴。

男孩跟女孩们结伴在森林里采浆果。正是草莓成熟的时候，森林里的黑莓和覆盆子都熟了，还有长在沼泽地上的桑悬钩子，你想吃什么就可以摘什么！

但是孩子们还要帮忙打水、浇菜、拔草，有好多活儿要做。他们很懂事，虽然不能总去森林里玩儿，但是他们也感到了劳动带来的快乐，他们发自内心地觉得喜悦。

尼·巴甫洛娃

农场要闻

被割掉的牧草

牧草很伤心，因为农场里的人总是欺负它们。它们就快要开出好看的花儿了，但是突然一群人到了这里，将它们都连根拔了下来。花儿开不了了，只能重新再长了。

森林通讯员深入调查了这件事，总算弄明白，人们割掉牧草是为了给牲口们吃，在它们开花前就割掉它们，也是为了能够存更多的粮食，并没有做错什么。

客人失踪了

前几天，有几个来游玩的女游客不见了，后来大家在一个草垛找到了她们。可是她们明明是来农场避暑的，又怎么会突然不见了，然后又突然出现在离农场三千米远的地方的呢？原来是因为，早上这几个游客到河里游泳，是从亚麻地的一条蓝色小路走的，但是回来的时候她们找不到路了，就跟大家失去了联系。

小路怎么会不见了呢？其实是因为，亚麻会在早上开出蓝色的花，中午的时候花谢了，路就变成了绿色，所以她们就不认识了。

母鸡也要疗养

农场的母鸡们在黎明的时候就被送到疗养的地方了，还是坐着专门送它们的车去的。

它们的疗养地就是刚刚完成收割的麦田。麦田里有很多撒下来的麦粒，母鸡在这里有食吃，麦粒也不会浪费，一举两得。它们吃完这里的麦粒之后，还会去别的地方疗养呢！

鱼儿食堂

水下有个餐厅是专门给鱼儿设立的，里面放着一张大桌子，没有椅子。鱼儿们正在等着开饭，争先恐后的，好不热闹！

厨师很快赶来了，为鱼儿们准备饭菜。它们的饭菜可丰盛了，有土豆、杂草饭团，还有小金虫子等。

餐厅里也特别热闹，鱼儿很多，挤满了餐厅，真好玩！

跳甲虫

有一种名叫“跳甲虫”的虫子，它浑身呈鲜亮的黑色，是蔬菜的天敌，会像跳蚤一样在蔬菜叶上跳来跳去，这可苦了园子里的蔬菜了。

它们的杀伤力特别大，几天工夫蔬菜就被糟蹋了个遍，仅剩的菜叶也特别害怕它们。

对抗跳甲虫

我们要事先准备一根长矛，在上面扣一面小旗子，在除了握柄的其他地方涂上胶水。

然后拿着这个“武器”，在菜园里来回走，在蔬菜上面挥旗子，让没涂胶水的那边接触到蔬菜，这样当跳甲虫往上蹦的时候就会被旗子上的胶水粘住。

在一些大一点儿的农场，蔬菜上是要洒炉灰和熟石灰之类的东西的，甚至要动用飞机。这是比较常用的消灭跳甲虫的办法。

敌人会飞

蛾蝶是比跳甲虫更难缠的虫子，它们总在菜叶上产卵孵化，这就糟蹋了蔬菜了。

大菜粉蝶比较大，白色翅膀上长着斑点。它们总是在白天出现。萝卜粉蝶很小，只在晚上出来。还有其他各种各样的蛾蝶，它们都会不同程度地伤害蔬菜。

其实对付它们的方法挺简单的，只要弄碎它们的卵就好了，当然也可以用撒炉灰的办法。

还有一种可怕的敌人，就是生活中常见的蚊子。在一些水沟里，你总会看到一些小蛹，它们长着角，头很大，身子却很小，在水潭里游来游去。这就是蚊子的幼虫，它们呈现着各种各样的生活状态，有自己的生活圈。

两种蚊子

有两种不同类型的蚊子。一种蚊子咬人之后，被咬的地方会出现一个疙瘩，很痒，这是普通蚊子。还有一种名叫疟蚊，被它咬了之后会染上疾病，身体会一会儿冷一会儿热，而且发作频繁，会很难受。

这两种蚊子长得差不多，只有雌疟蚊的口器旁边有一对有毒的触须，那就是让人染病的关键。

东西南北无线电呼叫

呼叫！呼叫！

这里是《森林报》编辑部。

今天是6月22日，夏至。我们将要与全国各地进行一次无线电对话。

传呼：森林！草原！沙漠！大山！海洋！苔原！

今天正逢夏至，请告诉我们，你们那里的情况！

请回答！

消息：来自北冰洋群岛

我们这里已经很久没有经历过黑夜了。在这里，24小时都是白天，这样的情况会延续3个月。

这里的植物生长很快。阳光下，草儿茁壮成长着，花儿微笑着。沼泽地里都是苔藓，石头上也长着各种各样的植物。这里的每一天都阳光明媚。

这里常年被冰雪覆盖，没有蝴蝶、蜻蜓、蜥蜴、青蛙和蛇类，也没有会在冬天冬眠的各种动物。

这里也没有什么野兽，只有白兔、北极狐和驯鹿，还有跟老鼠很像的旅鼠，偶尔还有北极熊。

但是这里有很多鸟儿。有角百灵、北鹨、雪鹀、鹡鸰、野鸭、大雁等，有些鸟儿可能你都没听说过。这里虽然常年冰雪覆盖，但是并不会阻碍鸟儿的到来。

整个苔原都很热闹，像是鸟市一样，到处都是叽叽喳喳的。猛禽都不敢轻易靠近这里，因为鸟儿的叫声太大了，能够震破耳膜。它们也很有攻击性，不会轻易让别人伤害自己和家人。

你可能有疑问，这里没有黑夜，那鸟兽们怎么安排时间呢？

它们很少睡觉，因为很忙，只是得空的时候打个盹儿，就又开始忙碌了。至于睡觉，就等到冬天，因为这里冬天会有很长时间的黑夜，到时候把少掉的睡眠一并补回来就好了。

来电：来自中亚细亚沙漠

我们这儿现在正是大家都在睡觉的时候。

阳光很强烈，很久没有下雨了，好多植物都枯死了，但也有一些植物依然生机勃勃。

骆驼草的根很长，有五六米，深深地扎在泥土里，这样可以充分汲取土壤里的水分。灌木和草儿长着细毛，没什么叶子，这样也是为了减慢水分蒸发。

沙漠里有时候会刮大风，厚厚的沙尘被卷上天，甚至能遮住太阳。空气中会传来像蛇叫一样的声音，那是梭梭树的树枝被风刮到时发出的声响。至于真正的蛇呢？它们现在正在睡觉呢。

因为太热了，很多小动物都在睡觉。金花鼠用泥土堵住洞口，这样可以挡住太阳的光。除了清晨出门找食物，其他时间它都窝在洞里睡觉。因为这时候这么热也找不到什么食物，所以金花鼠索性就窝在洞里不出门了，它打算夏天、秋天和冬天都这么过，等到春天再出门走动。

蜘蛛、蝎子、蚂蚁、蜈蚣也都躲了起来，藏在各个地方，只在夜里出来溜达溜达。

它们都住在沙漠边上离水源很近的地方。鸟妈妈们会在小鸟出生后就带着它们离开这里，山鹑倒不会离开，因为它们可以很轻松地就飞到很远的地方找到水喝。

对我们苏维埃人来说，沙漠不可怕，因为我们可以用先进的技术在这里开沟挖渠，然后把水源引过来，这样沙漠就变成了田野和农场，还可以变成果园。

风统治着沙漠，它的威力很强大，能够毁灭人们辛苦建造起来的一切，但即使如此，我们也是不怕它的。水和植物都能够帮我们抵御风，所以我们会大量地植树造林，进行人工灌溉，这样风就不能再作恶了。

请回复！请回复！

品读赏析

本章写夏天到了，繁殖的季节来了。小动物们为了繁衍后代都忙着建造自己的小屋，也因为房子发生了不少的故事。

夏季第二月

7 月 21 日—8 月 20 日

太阳进入狮子宫

雏鸟出壳月

名师导读

在炎热的夏天，食物丰富，动物们不为食物犯愁，动物妈妈就能安心在家带动物宝宝们出去吃、喝、玩儿。让我们一起看看动物妈妈是怎么带动物宝宝的。

一年：分为 12 个月的太阳乐章

每年 7 月是一年中最热的时候，太阳不知疲倦地照耀着大地，植物因为吸收了充足的阳光，越来越茁壮了。

稞麦和小麦都成熟了，人们正在忙着收获。鸟儿也在忙着照顾刚出生的宝宝，小鸟都刚刚破壳，毛都没长全，眼睛也还没睁开，正是需要父母的时候。

森林里长着很多果子，草莓、黑莓、桑悬钩子、樱桃等，应有尽有，它们都长得很诱人，当然，味道也很好。

森林里的小伙伴

大家庭

生活在罗蒙诺索夫城外的森林里的驼鹿妈妈今年只生下了 1 只宝宝，跟它在同一片森林的白尾雕生了 2 只小白尾雕。

黄雀、鸦鸟和燕雀各孵出了 5 只小鸟。

歪脖鸟孵出了 8 只，长尾山雀孵出了 12 只。

读书笔记

灰山鹑孵出了 20 只宝宝。

而棘鱼能孵出 100 多条小鱼。

鳘鱼的孩子就更多了，它每次能够孵化出几百万条呢，真是让人难以置信。

可怜的孩子

鳘鱼和鳊鱼从来都不管自己的孩子，它们产下卵之后就会离开，当然这也不能怪它们薄情，它们生下的孩子数量有几百万条，照顾也照顾不过来。

同样，这样做的还有青蛙。

这些宝宝离开了妈妈的照顾，生活得非常不容易。它们保护不了自己，常常被大鱼吃掉，能不能活下来，只能听天由命。

好妈妈

驼鹿妈妈和鸟妈妈都是对宝宝负责的好妈妈，它们每时每刻都在用心地照顾着自己的孩子。

行为描写

说明了驼鹿妈妈非常爱它的孩子。

当宝宝遇到危险时，驼鹿妈妈会立刻冲上去保护自己的孩子，哪怕牺牲自己的生命也在所不惜。就算对手是熊，它也会勇敢对抗。

有一次，通讯员们捉到一只小山鹑，山鹑妈妈看到自己的孩子被抓到，咯咯地扑过来，不小心摔倒了。大家都以为山鹑妈妈受伤了，连忙丢下小山鹑去抓山鹑妈妈。

山鹑妈妈慢慢走着，在大家就要抓到它的时候突然灵活地闪到一边，通讯员们追着它，眼看就要追上了，它突然抖了下翅膀，飞走了。通讯员们垂头丧气，打算回去捉刚刚丢下的小山鹑，却发现小山鹑也不见了。

大家这才知道，原来山鹑妈妈受伤是装出来的，目的是分散大家的注意力，好让山鹑宝宝逃走。

幼和其他孩子

大鸶的嘴上长着一个白色的疙瘩，幼鸶就是用这个啄破蛋壳，从壳里钻出来的。

长大后的幼鸳是一种很凶猛的禽类，很多动物都怕它。但它小时候却很可爱，小小的一只，浑身毛茸茸的，眼睛都睁不开。

幼鸳这时候还没法独立生活，必须要依靠父母的喂养才能长大。

沙锥的蛋很大，这样小沙锥就能在蛋里成长，出来之后很快就能独立生活了。

还有小山鹑、小野鸭、秋沙鸭，它们都是刚出生就会走路了，小秋沙鸭甚至刚出生就会游泳了呢。

旋木雀的孩子则很虚弱，它们要两个星期才能出来，出来之后也只是在树桩上休息，等着妈妈喂食。

雌雄颠覆

我们收到一些来自全国各地的信，信中写道他们在莫斯科附近、阿尔泰山区、卡马河畔、波罗的海、雅库梯以及哈萨克斯坦等地发现了一种奇特的鸟，这种鸟很好看，而且十分相信人类，哪怕你靠它们很近，它们也不会逃跑。

正是其他鸟儿都忙着照顾新生的宝宝的时候，它们却在全国各地旅游。

更让人奇怪的是，这种鸟颜色鲜艳的都是雌鸟，雄鸟的颜色反而暗淡无光，跟很多鸟类正好相反。而且雌鸟在生下宝宝之后就会离开，由雄鸟完成照顾孩子的工作。真特别。

它们就是鹬的一种——蹼瓣鹬。

林中纪事

凶狠的幼鸟

鹡鸰这次孵出了6只小鸟，其中5只长得很像，还有一只却很丑。

第一天，这只“丑八怪”安稳地待在窝里，等着妈妈觅食回来喂食。

第二天，爸爸妈妈早上刚出门，它就开始不老实了，低着头，站稳后将两条腿叉开，往后退。它用屁股把一个小兄弟挤到了窝里最边上的位置。它的兄弟们还小，眼睛都没睁开呢，它们没有力气，只能任丑八怪欺负。

“丑八怪”一用力，一只小兄弟就被挤出了巢。

鹡鸰的窝可是安在悬崖边上啊！只听到“啪”的一声，一只小鹡鸰就一命呜呼了。

可怜这只小鹡鸰，还没看到这个美丽的世界，就被自己的兄弟害死了。

“丑八怪”退回巢里休息了，当爸爸妈妈回来，它立刻凑上去要食物吃，好像什么都没有发生。

吃饱了的“丑八怪”又不老实了，将目标锁定在另一个兄弟身上。它用了同样的办法，小兄弟反抗着，但没有任何作用。就这样，“丑八怪”用五天的时间残害了它的五个兄弟，窝里只剩下它一个了。

十二天过去了，“丑八怪”长大了，鹡鸰夫妇才发现它其实是一只杜鹃。真是可悲！鹡鸰夫妇养大的却不是自己的孩子，它们自己的孩子却被害死了。

可就算这样，鹡鸰夫妇也舍不得丢下小杜鹃，它们依旧照顾着它，疼爱它，保护它。

鹡鸰夫妇每天都不辞辛苦地找很多食物喂养它，直到秋天，小杜鹃终于长大了，但它却悄悄飞走了，再也没有回来。

浆果很好吃

秋天到了，果园里的果子都成熟了，人们正在忙着收获呢！

林子里有一些树莓，它们的茎特别脆弱，哪怕只是从它面前走过，都能弄折好些枝条。脆弱的虽并不会不利于浆果生长，但它们寿命却不长，只能活到初冬。但那些被折断的枝条却会重新长起来，到了夏天就会开花结果。

还有一种名叫“越橘”的果子，它的颜色已经开始变红了，很快就能采摘了。越橘的果子长在枝头，一簇一簇的，很可爱。

越橘的果实可以保存一整个冬天，吃之前只要用开水冲泡就好了，也可以捣碎，那就变成了一种饮料，很好喝。

尼·巴甫洛娃

小兔子和猫妈妈

春天，猫妈妈生下了几只小猫，小猫很可爱，陆续地被人领养了。有一天，我跟小伙伴到森林玩，抓到了一只小兔子。

我们把小兔子放到猫妈妈身边，猫妈妈奶水充足，可以喂养小兔子。小兔子跟猫妈妈相处融洽，一天天过去了，它长大了。

更好玩的是，小兔子学会了跟狗打架。猫妈妈会在狗捣乱的时候扑上去跟狗打架，小兔子跟着妈妈久了，也模仿它。后来狗再也不敢来我家了。

熊宝宝洗澡

有一天，猎人在河边散步，突然听到一声巨响，他吓了一跳，连忙爬到树上躲起来。

然后，他看到一头母熊带着三只小熊从树林里走出来。熊妈妈找了个地方坐下来，熊哥哥叼起一只熊弟弟放到河里，把它洗得干干净净，这才松开嘴巴。还有一只熊，它害怕洗澡，趁哥哥不注意躲进了森林里。

熊哥哥立马去把弟弟找了回来，打了它一下，把它扔到另一只熊弟弟身边。

洗澡的时候，哥哥不小心让一只熊弟弟摔进了水里，弟弟吓了一跳，熊妈妈连忙跑进水里，救下自己的孩子，又狠狠打了哥哥。

大热天能够洗个冷水澡真是太舒服了！

它们洗完澡离开了，猎人这才敢从树上下来，回了家。

歪脖鸟

我家的猫一直以为树上的那个洞是一个鸟窝，所以它就一直想要爬上树，去抓一只鸟饱餐一顿。但是当它把头伸进洞里时，发现里面竟然有几只小蝰蛇，它们的身体不断地扭动着，嘴里发出“咝咝”的声音。猫被吓坏了，连忙从树上爬了下来，头也不回地跑开了。

原来，洞里其实是几只歪脖鸟，并不是什么蝰蛇，那不过是它们用来对付敌人的办法：它们扭动脖子，晃动脑袋，扭动全身，模仿出蛇的样子来，同时发出跟蛇一样的“咝咝”的声音，这样就能吓走敌人了，因为没有什么动物是不怕蛇的。

它们真是又聪明，又可爱！

神奇的琴鸡

一只大鹞看到琴鸡带着一群小鸡，它很高兴：啊，我可以饱餐一顿了！

正当它准备冲下去的时候，琴鸡妈妈发现了它。

琴鸡妈妈大叫了一声，所有的小鸡立马都不见了。大鹞找了很久，一只也看不到，它们就像隐身了一样。大鹞只好离开，去寻找别的食物。

这时，琴鸡妈妈又叫了一声，小琴鸡们又出现了。

原来，小鸡们其实哪儿也没去，只是躺在地上而已。它们紧贴着地面，从高空看下来，它们跟树叶、青草和泥土特别像，以至于根本分辨不出来。

杀生的花儿

一只蚊子飞累了，停在一朵花上休息。这朵花很好看，花茎碧绿的，叶子呈紫红色，长着茸毛，露珠在上面滚动着。

蚊子正想吸那露珠，却不防被露珠粘住了。

就在这时，叶子上的茸毛竟然动了起来，紧紧地捉住了蚊子，叶子也合拢了，将蚊子裹了起来。

又过了一会儿，合拢的叶子打开了，但蚊子已经只剩下了空壳，血肉都被花儿吸光了。

这花名叫毛毡苔，是一种喜欢吃小虫子的植物。

奇怪的蝾螈

水里的小动物们很喜欢一起玩闹，跟小孩子一样。

有一天，两只小青蛙看到了蝾螈。蝾螈的身子很长又很细，脑袋很大，四条腿却很短，看起来很不协调，很奇怪。

小青蛙想给这个长得奇怪的东西一点儿颜色看看。于是，两只小青蛙一起咬住了蝾螈的尾巴和右前腿，它们一起用力，竟然把它的尾巴和右前腿给扯了下来。

蝾螈也趁机跑了。

几天之后，小青蛙又遇到了蝾螈，它变得更奇怪了，被扯掉腿的地方长出了尾巴，被扯掉尾巴的地方却长出了腿，真滑稽！

喜欢水来冲

我很喜欢一种名叫“景天”的植物，它的叶子是灰绿色的，鼓鼓囊囊地、密密麻麻地长在茎秆上，很肥厚。叶子紧密地遮盖着茎。景天的花很漂亮，很像是一只小小的五角星，而且颜色也很艳丽。

到了结果实的时候，景天的花会慢慢地凋谢。它的果实也是五角星形的，模样扁扁的，紧紧地闭合着，就像害羞的小姑娘。

我在想有什么办法能让景天的果实张开，其实只要一点儿水就行了，一滴就够了。直接把水滴在五角星中间的位置上，果实的壳就会慢慢张开，然后种子就会露出来。景天的种子不像别的植物，它们很喜欢被水冲。景天就是依靠水来传播种子的，只要有几滴水滴上去，它就会顺着水一起流下来，然后种子就会被传播到别的地方去。

景天长在岩石缝里就是因为它的种子被雨水传播到这里，然后顽强地生长出来的。

尼·巴甫洛娃

奇妙的果实

有一种名叫“老鹤”的杂草。它生长在菜地里，模样并不好看，而且触感非常粗糙。它的花是紫红色的，看上去跟其他植物的花并没有什么不同，不过它的果实却非常精美。

老鹤的花凋谢之后，每朵花托上面会长出一个像鹳嘴一样的东西，那是老鹤草的果实。它是由五粒尾部长在一起的种子组成的，并不紧密，很容易就能被分开。它的种子长得很特别，上头是尖尖的，下面则拖着一条长长的尾巴，上面长着小小的绒毛，很是可爱！那条长长的尾巴就像一把弯弯的镰刀，底部还长着螺旋状的花纹，而且只要有水分的滋润，它就会立刻改变形状。

我抓了一粒老鹤草的果实，把它放在手心里，然后紧紧地捂住，再朝手掌的空缝里轻轻吹了口气，我发现它竟然转动了起来，挠得我的手心都痒痒的。再打开手掌的时候，尾巴底部的螺旋竟然变成直的了，真是好神奇！

为什么会这样呢？原来，在种子从老鹤草身上脱落、掉在地上的时候，它长得像镰刀一样的小尾巴就会紧紧地勾住小草的身体。如果尾部变成直的，那么它的种子就可以很顺利地掉进泥土里，然后很快地长大。只要有适宜的条件，它是不会放弃任何能够繁育后代的机会的。

种子没办法自己钻出来，因为它的芒刺是朝上翘着的，上面的泥土都被它顶住了，它根本没法出来。

它们都是自己为自己进行播种的，特别匪夷所思。

老鹤草还能够帮助人们进行空气湿度检测。这种植物种子的尾巴对空气中湿度的变化非常地敏感，在没有湿度计的情况下，只要固定好种子的位置，它的尾巴就会来回地转动，然后我们就能根据这来准确地检测到空气的湿度。它们就像一个移动的湿度计。

尼·巴甫洛娃

爱护森林

森林很害怕打雷，因为雷电容易引起火灾，一不小心就会酿成大祸。

如果不小心发生了危险，人们一定要镇定，要赶紧行动起来，一起对抗火灾，保护森林！

条件允许的话，可以利用铁锹、木棍等工具，用泥土、稻草等东西扑火。

如果火势很大，人们必须立刻报警，不然等火势蔓延就来不及了。

保护森林，人人有责！

树木的战争（续前）

通讯员来到了第三块采伐地，那里是白杨和白桦的天下。在这里，除了白杨和白桦是没有别的植物的，就连青草也没有，因为它们不允许别的植物侵入自己的领地。它们遮挡着其他植物生长需要的阳光，使得它们没法长大。

白杨和白桦之间也会发生争执，因为它们都想要更多的领地。为了让自己更茁壮，它们都努力长大着，并争抢着地盘。

高大的树木总是很容易就打败稍微矮小的树木，它们利用自己高挺的身材，挡住那些树木的阳光。就这样，一批批小树木被害死了，只有一些青草从泥土里冒出来，它们与大树相互依偎着生长，但它们的种子却因被闷在潮湿阴暗的泥土里，而依旧没法生长。

但云杉一直都没有放弃，每过一段时间它们都会在采伐地上尝试着生长一次。终于，它们找到了机会，在一个可以照到很少阳光的地方坚强地长大，尽管它们依旧长得很柔弱。

云杉不断地提升自己的能力，渐渐地，风不再能够伤害到它们，暴雨天的时候，就连白杨和白桦都没有力气，云杉却坚定地挺立。

秋天，白杨和白桦的树叶落到地面上，腐烂之后，它们会散发出热量，这样就能给云杉温暖。云杉唯一需要忍受的，就是没有阳光的照射。

通讯员们都很同情云杉，然后他们去了第四块采伐地。让我们继续期待他们的报道。

农场生活

正是丰收的时节，黑麦田和小麦地像是一片海洋。麦粒饱满，麦秆坚挺，这都是人们辛勤劳作的结果。

山鹑带家人离开了黑麦田，在春播的田野里重新安家。在收割机的作用下，黑麦很快倒下了一大片，人们把它们捆起来，堆成堆，排整齐。

菜园里一片热闹，很多蔬菜都成熟了，人们忙着收获，然后卖到各处去，城里人们的餐桌上总能见到它们的身影。

小孩子们也在忙着呢！他们在林子里采果子，有树莓，还有越橘，但他们最爱的还是榛子，每次都要采上满满一口袋才满意。

植树造林活动

因为战争，俄国很多森林被毁了，现在人们都在努力让森林恢复原样，大家都在植树造林，其中以俄国各地的中学生们功劳最大。

为了重新建造一片松林，孩子们收集了7.5吨的松子。他们还帮忙照顾小树苗，给它们浇水、施肥，保护它们。

驻森林通讯员　查列夫

忙碌的孩子们

天刚亮，勤劳的人们就起床去田里干活了，连小孩子们也去凑热闹，田野里到处都有他们的身影。

他们也很会干活儿的。瞧，他们正在帮忙把干草拢到一起，那熟练程度不比大人差呢！

亚麻快要成熟了，孩子们早早就来到了地里，比大人们都来得早。为了让机器能顺利收割，他们要帮不少忙呢。

在黑麦田地里也能找到这些孩子，他们要帮忙把散落的麦穗堆到一起，然后收回家。

农场新闻

红星农场的麦子都快要成熟了，人们非常高兴，等待着收割的信息。麦穗们似乎读懂了人们的心意，好像在对人们说："我们一定会照顾好自己的，你们不要担心，我们很快很快就会成熟了，你们不要焦急！"

人们也好像听懂了麦穗的话一样，十分高兴："怎么能不担心呢？我们一定要守在田野里才放心，现在可是最重要的时刻了！"

盼来盼去，终于到了可以收割麦子的时候。收割机纷纷来到田里，帮助人们收麦子。收割、脱粒、簸扬，收割机每样都会做。只要是收割机经过的地方，麦子们都会整齐地倒下，只剩短短的麦茬儿竖着，麦粒也都从联合收割机里出来了。人们只要把这些麦粒装进麻袋里带回家就行了。

田地变黄了

通讯员又来到红旗农场进行情况调查，他们发现了两块完全不一样的马铃薯田，其中一块田地的颜色是深绿色的，另一块却是枯黄的。这是为什么呢?

后来，通讯员发回了这样的一份信息：昨天，有一只公鸡来到了马铃薯地，它刨开了地里的泥土，然后又带来几只母鸡，它们一起分享了一些新鲜的马铃薯。有个农妇经过，看到这只公鸡的行为，不禁哈哈大笑。

“大家快来看啊！就连公鸡都来抢我们的马铃薯了呢！也不知道是谁走漏了风声，把我们明天要收获马铃薯的事情说了出去啊！”

原来，马铃薯的茎叶变黄就意味着这些马铃薯已经成熟了，可以收获了。这两块地之所以不一样，是因为它们是不同品种的马铃薯，自然成熟的时间也就不一样了。它们一种是早熟的品种，另一种是晚熟的，所以才会出现差异。

林中短讯

农场的第一朵花开放了，是白蘑。它从泥土里钻了出来，胖胖的，个头很高大，也很好看。

白蘑的帽子顶端长着一个小小的坑儿，四周的穗子看上去很潮湿，上面还沾着一些松针。白蘑四周的泥土都被拱了起来，拨开这些泥土，能看到里面长着的大大小小的还没钻出泥土的白蘑。

远方的信件

我们到了喀拉海，这里水天一色，甚是壮观。

突然，船上的人喊道：“我们前面出现了一座倒着的山！”

我半信半疑地看过去，果然我们的船正在飞速朝飞岛驶去。

“天哪！”

这是海市蜃楼吗?我不禁笑了，这是一种自然现象罢了。

在北冰洋总能看到这样的现象，船在海上航行的时候，空中会出现很多倒着的海岸和船只，这是空气折射产生的现象，跟照相机的原理一样，都是把真实的物体反映出来。

我们的船驶到看到的小岛那里时，它还是在那里，一动未动。

这里是诺尔德舍尔特群岛海湾入口处的比安基岛，为了纪念俄国著名科学家瓦连京·科沃维奇·比安基，所以用他的名字命名。

岛上有各种各样的石头，没有成片的灌木和青草，只有一些小花、苔藓和地衣。很多木头被堆在海边的斜坡上，它们都是在海上漂了很久才到这里的。

7月底了，这里的夏天才刚刚开始，但还是有很多大大小小的冰山从岛边经过。

岛上总是蒙着一层雾气，所以并不能看清来往的船只，只能看到模糊的桅杆。岛上的野兽并不怕人，只要在它们的尾巴上撒盐，就可以捉到它们。但这只是一种传说，不知道有没有人尝试并且成功过。

比安基岛上有很多鸟儿，它们自由自在地生活着，到哪儿就把哪儿当作自己的家。这里的野兽也都很有趣。

有一天，我到一个安静的地方观察旅鼠。它长着灰黑黄三色交杂的毛，在地上跑来跑去的，特别可爱。

北极狐也在这里生活，我在乱石堆中看到一只正在靠近小海鸥的北极狐，它快要得逞的时候被海鸥妈妈发现了，于是它被海鸥们联手吓跑了。

在海面上，我看到很多鸟儿。我靠近了看，却看到几只小海豹从水下钻出来，用一双双黑漆漆的大眼睛看着我。

我看到一只很大的海豹在岸边很远的地方，还有几只海象来回走着。突然，所有的海豹和海象都钻进了水里，鸟儿们也全都飞走了，原来是一头白熊过来了，它是这里最凶猛的野兽。

我有些饿了，想吃早饭，却发现我放在石头上的早餐不见了。我站起身，发现一只北极狐躲在下面，我的早餐正在它的嘴里。

可恶，竟然偷了我的早餐！也许是因为这里的鸟儿都太会保护自己了，野兽都找不到食物了。

远航领航员　马尔德诺夫

如何对付有害的猛禽

捕杀那些对人类有害的猛禽有很多种方法，而且时间不限。

在窝边捕杀

这种捕杀方法简单但是危险。

大型的猛禽都很凶残，它们不允许别人伤害自己的孩子，一旦发现有这样的情况，它们会为了保护自己的孩子跟捕猎者拼命。如果不能很快地猎杀目标，它们会扑过去啄瞎你的双眼。

它们的巢穴一般在很隐蔽的地方，如雕、游隼、老鹰会把巢安在悬崖边或者树顶，大角鸮和林鸮会把巢安在山崖边，抑或是丛林深处。

偷袭

雕和老鹰常常待在干草垛上、枯树枝上或白杨树上，它们站在那里寻找猎物，人类没法靠近，因此最好的办法就是搞偷袭——躲在灌木丛或者石头后面，悄悄接近它们，然后瞄准，用步枪和子弹射杀它们。

在晚上打猎

晚上捕猎是很有趣的，因为很容易就能够找到一些大的猛禽休息的地方。比如，雕就很喜欢在离山崖很远的大树上休息。

在休息的雕是很难发觉猎人的踪迹的，猎人只要悄悄走到树下，将手电筒或者电石灯猛地对准雕的双眼，这样就能够惊醒睡觉的雕。而雕受到这样的刺激，双眼什么都看不见，只能老实得一动不动。

而现在，只要猎人瞄准了目标，一枪就能够击中它了。

夏猎

夏天过半，猎人们终于得到州执行委员会发布的消息：从 8 月 6 日开始，可以在森林和沼泽地里捕猎了。他们特别兴奋，赶忙准备好充足的弹药，又反复检查猎枪。开猎前一天，各个城市的火车站都能看到猎人背着猎枪、牵着猎狗的身影。

猎狗的种类很多。有短毛的猎狗，还有竖着尾巴的光毛猎狗。它们的毛色也各不相同，有黄色夹杂别的颜色的，有白黄交杂的，有棕色带别的颜色的，还有通身都是白色、只有零星几个部位是黑色斑点的。有一种名叫“谍犬”的猎犬，它的毛很长，尾巴上的毛很像鸟的羽毛，通体则是雪白的。而长毛猎犬全身则是火焰一样的红色毛发，不夹杂一点儿别的颜色。还有一些脑袋大的猎犬，它们全身呈黑色，带着黄色的斑点，虽然它们行动比较笨拙，但是它们却有特殊技能。经过训练，它们可以在嗅到猎物的味道的同时，立刻锁定猎物的方向，然后带着主人顺利捕获猎物。

有一种体形比较小的猎犬，它的腿和尾巴都很短，耳朵几乎要碰到地面，毛很长。它们能够在草丛里、芦苇丛和树林里帮助猎人打到野鸭和松鸡等小动物，作用也是很大的。

这种猎犬能够将藏在各处的飞禽们赶出来，就算是被打死的或者打伤了的猎物，它们也能衔回来送到主人面前，真的是猎人的好帮手。

猎人们一般都是坐火车去各个郊区打猎的，所以火车上常常可见他们的身影。

火车上的游客们都对他们感到很好奇，尤其喜欢那些帅气的猎狗。他们经常坐在一起，很有兴趣地讨论着猎物、猎犬、猎枪和打猎的各种事情，说个不停。每到这个时候，猎人们总是很高兴，也很骄傲。他们总是半眯着双眼，微微昂着头，向别人诉说自己的事迹，感觉自己像是大英雄一样。

猎人们在 6 日晚上和 7 日早晨坐火车回来了，但这次他们都埋着头，不再是去时那般骄傲得意了，而是变得沮丧和无奈，他们行囊空空，没有什么收获。

但火车上那些游客还是很好奇，满脸笑意地对待那些猎人。

“猎物去哪儿了？”

“都在林子里呢。”

这时，一位猎人走进了车厢，他的背包鼓鼓囊囊的，大家都很羡慕他。但这位猎人并没有很得意，而是头也不抬地找位置坐下来。人们主动给他空出一个位置，他连一句“谢谢”都没说就坐下了。邻座发现了他的不对劲。

“咦？你抓到的猎物有绿色的爪子吗？”邻座打开了他的背包。

原来只是云杉的树枝。

猎人羞愧极了，真丢脸啊！

品读赏析

本章写的是七月夏季最热的时候，花草树木长得最旺盛。在这个最热的时候，各种各样的动物宝宝们开始活跃，动物妈妈们都忙着照顾自己的宝宝。

夏季第三月

8 月 21 日—9 月 20 日

太阳进入处女宫

一起飞翔月

名师导读

夏季接近尾声了，花草树木已经长得非常茂盛，动物宝宝们也渐渐长大，慢慢学会了飞翔、蹦跑、捕食。

一年：分为 12 个月的太阳乐章

8 月是一个令人感到愉快的月份。闪电划过黑夜的上空，照亮了整个森林，又很快消失不见。

草地更加绿了，显得格外地生机勃勃，各种各样的花儿都盛开了，浅蓝色的、粉红色的、淡紫色的，很漂亮！阳光不再像盛夏的时候那样灼热，变得温和了很多，沐浴在阳光下的小草、小花都很惬意，它们舒适地伸展着腰肢。

排比：说明花儿开得很旺盛。

各种各样的水果和蔬菜都快成熟了，树莓、越橘等成熟比较晚的浆果，还有蔓越橘、山梨等长在沼泽地里的果子，都要成熟了。

蘑菇则跟它们不一样，它很害怕阳光，于是自己躲在阴凉的地方不肯出来，像个孤僻的老人家。

树木也都不再生长了。

读书笔记

林中新规则

森林里的孩子们都长大了，它们将要离开家，去外面的世界闯荡。它们对外界的一切都充满了好奇。

春天是鸟儿最忙碌的时节，每个家庭的住所几乎是固定的，现在孩子们学会飞了，飞翔成了它们最快乐的事情。

看，它们正在到处串门呢！

猛兽和猛禽们也开始到处走动了，林子里有很多的食物，只要它们不偷懒，就一定能找到很多很多美食。

黄鼠狼、白鼬和貂是最容易抓到小动物的，因为它们的活动范围特别大，无论在哪里，它们都能找到很多吃的，如刚飞出家门的鸟儿、到处乱跑的老鼠、粗心的小兔等。

猛禽总是一起行动，它们在灌木和乔木之间飞翔。

但是集体活动中是有很多规则要遵守的，这些规则有：

大家为我，我为大家

集体生活中的大家都是相互照顾的，谁发现了敌情，一定要赶紧通知大家，告诉大家敌人的存在，然后帮助大家顺利逃走。如果有同伴遇到危险，它们要一起对抗敌人，不能将同伴丢下。

叙述

表现了小动物们生活中的相互照应。

在集体中，所有人一起预防和对抗敌人，它们同心协力，一起抵御敌人的攻击，时刻保持警惕，随时做好与敌人战斗的准备。这样的集体，成员越多越好，这样就能更好地保护自己。

当然，新来的成员一定要遵守规则：小鸟要学习前辈们的行动方式和生活方式，无论前辈们做什么，它们都要学着去做，捕食、逃跑，或者只是一个抬着头一动不动的动作，都要认真学习，这样它们才能很好地融入集体的生活。

排比

雏鸟们为融入集体的活动，很多东西都是需要跟着前辈去学习、模仿，说明了雏鸟们很辛苦。

练习狩猎

鹤和琴鸡一般都会选择一个固定的地方作为孩子们的学习场所，让孩子们学习狩猎。

琴鸡的训练场地在树林里。看，小琴鸡们正在跟着爸爸认真地学习各种技能呢。

小琴鸡们模仿着琴鸡爸爸的动作，咕咕地叫唤着，而当琴鸡爸爸啾啾地叫唤时，它们也自然而然地变成啾啾叫了。

其实，春天时琴鸡爸爸的叫声跟现在是不一样的。春天时，琴鸡爸爸是这样叫的："不要皮袄，想要单褂。"而现在它叫的是“不要单褂，想要皮袄”。

鹤宝宝们也在认真地学习，它们正在学着怎么保持“人”字形的队伍，这是在为以后的长途飞行打基础呢。

领头鹤是最强壮的，它必须飞在队伍的最前面，领导整个队伍的飞行，做第一个冲破气浪的鹤。当领头鹤需要耗费很多力气，克服很多困难，所以它必须有丰富的经验，而且身强体壮。不过长时间的飞行耗费的力气太多了，所以还需要有另一只同样强壮的鹤，在必要的时候代替它。

鹤宝宝们正在空中很有节奏地飞翔，身强体壮的排在前面，身体比较瘦弱的就跟在后面，就这样一个接着一个地排成“人”字形的队伍，跟在领头鹤后面学习飞翔。

咕咕，喽！

领头鹤发出这样的命令时，就意味着它们快要到达目的地了。然后鹤宝宝们就会一个接一个降落到地面上。

它们将要在这里学习各种各样的技能，如跳、转，还要跟着节奏做出各种动作等，其中有一个特别难做的动作：用嘴把一颗小石子抛到半空，然后再用嘴接住掉下来的小石子。鹤宝宝们在这一片空地上欢快地练习着。

它们正在为不久之后的长途旅行做准备呢！

会飞的蜘蛛

让我们来探究一下，像蜘蛛这样的小动物，是怎么学会飞行的吧。

原来，小蜘蛛是利用它吐出的细长的蛛丝将自己固定在灌木上的，这样它就不会掉下来。每当有风吹过，蛛丝就会随风飘荡。这些蛛丝很像是蚕丝，坚韧而且不易断。

小蜘蛛正在做飞行之前的准备。它站在地上，蛛丝连接着地面和树枝，然后它开始不断地吐出蛛丝，用蛛丝将自己层层叠叠地裹起来，就像一只蚕茧。

当风吹得越来越大时，蛛丝也结得越来越长了。

这时，小蜘蛛用脚牢牢地抓紧了地面。

好了！可以飞了！小蜘蛛顺着风向跑起来，然后将细长的蛛丝咬断了。

然后，在风的帮助下，小蜘蛛离开了地面，渐渐飞了起来，飞高了，飞远了。

小蜘蛛解开了缠绕在自己身上的层层蛛丝，然后它就像一只被放飞的气球一样越飞越高，飞过了灌木丛，飞越了茫茫的草地……

但是小蜘蛛却有了疑问：我要停在哪里呢？

森林和小河都不是适合我生活的地方，我还是换个地方吧。

小蜘蛛飞到了一个院子的上空，它看到一群肥硕的苍蝇围绕着一只粪球，它们不停地挥动着自己的翅膀。就在这里降落吧，小蜘蛛想。

小蜘蛛又开始吐丝了，它又一次用蛛丝将自己的身体裹了起来，这时蛛丝就像一只气垫，带着小蜘蛛一直往下掉。

快要着陆了。

蛛丝恰好挂在了一棵小草上，小蜘蛛也就顺利降落了。

终于有地方安家了。

林中纪事

一只羊可以啃光一整片树林，这并不是在开玩笑，这是一件真实存在的事情。

那是一只山羊，护林员把它买来之后就将它拴在了树桩上，但没想到山羊在半夜里弄断了绳子，然后逃跑了。

山羊能够跑去哪儿呢？这里四周都是树木，它该不会有生命危险吧？

疑问句

引起读者的兴趣，为下文山羊毁坏林场埋下伏笔。

它跑了整整三天，但是这三天里每天都能看到它的踪影。第四天的时候，山羊一边“咩咩”地叫着，一边自己跑回来了，好像在说着：“我回来啦，我回来啦！”

直到晚上，另一位护林员很是生气地找来，大家才知道附近的一片林场竟然被山羊全部啃光了！

树苗在还没长大的时候是没有什么枝叶覆盖着的，也就没有能力保护好自己，就算是一头牲口，也有能力将它消灭。

读书笔记

也许那只山羊就是被这片鲜嫩的树苗吸引了，这才在夜晚挣脱绳索离开的吧。那些小小的松树苗那么的可爱，树枝细细的，松针也很柔软，山羊一定是觉得这么可爱的树苗很好吃。

但是山羊一定不会靠近已经长成的大松树的，因为大松树很坚硬，能把山羊扎得鲜血直流。

驻森林通讯员　维利卡

抓小偷

篱莺鸟在森林里不停地忙碌着，一会儿在两棵树之间飞来飞去，一会儿又集合队伍在两片灌木丛之间来回飞。只要发现青虫、蝴蝶、甲虫等的踪迹，它们都要想尽办法把它们揪出来，然后饱餐一顿。无论那些小虫子藏在哪里，总是躲不掉被篱莺鸟找出来的命运。

突然，一只小鸟“啾咿”地叫起来，其他鸟儿听到它的叫声，都紧张起来，纷纷做好对抗敌人的准备。原来，有一只貂正藏在一边，准备悄悄过来偷袭这群小鸟。它黝黑的后背在黑夜之中时隐时现，然后藏在枯树枝里，像是一条扭动着身体的蛇，眼神特别凶恶。

看到了貂，鸟儿们的叫声越发尖锐了。它们一边“啾咿啾咿”地叫着，一边全部从这个地方飞走了。

黑夜是鸟儿们最容易受到迫害的时候，因为夜里鸟儿们都在树枝间睡觉，很难察觉危险的靠近。白天的时候发现有危险大家还可以赶紧互相传递消息，然后离开危险地，但晚上就不行了。猫头鹰就是在晚上出来觅食的。它悄无声息地在黑夜里飞翔，发现目标之后就会立刻采取行动，扑过去抓住目标。那些正在睡觉的鸟儿们被惊醒后只能拼命逃跑，也总有几只小鸟不幸被抓住，只能挣扎着反抗。

很快，那些篱莺鸟就飞过了一丛丛的灌木丛，从一棵棵大树间飞过，然后来到密林深处。它们的心情放松了不少。

这里有一根很粗的树桩，它笔直地挺立着，上面长着一簇奇形怪状的木耳。有一只篱莺鸟想要看清楚，于是飞到了那簇木耳旁边。

就在这时，那一簇木耳竟然动了起来，灰色下面竟然有一双大眼睛，眼神凶恶，很可怕。篱莺鸟看清了它的面目，它的脸像是猫的脸，嘴长得又像钩子。篱莺鸟被它吓到了，又发出“啾咿啾咿”的叫声。刚落下的鸟群立马吵闹起来，大家围到一起想办法。

是猫头鹰！救命！

原来那是一只猫头鹰，它的嘴一张一合的，显然很满意这一群送上门来的美餐。

别的地方的鸟儿们听到动静，纷纷飞过来帮助它们。

这里有小偷！快来抓小偷！

黄头戴菊鸟飞来了，在灌木丛里休息的山雀也来了，它们在猫头鹰面前转来转去，好像在说着：“你快来啊！你不是很厉害吗？快来抓我们呀！你这个可恶的小偷！”

猫头鹰的嘴还是一开一合的，发出“吧嗒吧嗒”的声音，它无奈地眨眼睛，却看不清眼前的景象，只能老实得什么也不做。

鸟儿越来越多了，大家都聚了过来，它们不停地叫唤着，叽叽喳喳一片，真的很壮观。

猫头鹰被吓到了，它赶紧扇动翅膀离开了这里，再不走的话，它会被这群鸟儿围追堵截，甚至还有生命危险呢！

松鸦一直追着逃跑的猫头鹰，直到将它赶出了森林才回来。这次事情后，猫头鹰再也不敢到这里来了。篱莺鸟们出了口恶气，以后晚上都不必再担心了。

扩张的草莓

长在森林边上的草莓是鸟儿最喜欢的食物了。它们是野生的，现在都已经成熟了，红红的很可爱。鸟儿们只要看到有成熟的草莓，就会飞下来叼走。鸟儿们在吃的同时，也能够传播草莓的种子，让它们在遥远的地方成长，而那些没有带走的，则会随着母亲一起长大。

动作描写

说明了鸟儿非常喜欢吃草莓。

其实只要你认真观察就会发现，这株草莓旁边已经长出来一些藤蔓了，它的梢头还长着一簇新叶，新的生命已经在悄悄生长了！看哪，这里还有两株！一株藤蔓上长了三簇新叶，一簇已经长开了，还有两簇还没长好。藤蔓的生长是要围绕着母株的，如果想要找到去年长出来的那棵母株，就要在野草比较少的地方找。现在的这一株，中间的是母株，在周围围绕着它的都是它的宝宝们，有好多株呢。

读书笔记

草莓就是这样不断地生长，不断地扩大自己的领域的。

尼·巴甫洛娃

狗熊被吓死了

有个猎人到晚上很晚才收工回来，经过燕麦地的时候，他看到有个黑黑的东西在地里打滚，是什么呢？

难道是一只不小心闯进地里的牲口？

他走上前去一探究竟，才发现，原来是一头大狗熊！它趴在地上，用爪子抱着一大捧麦穗，正在饱餐一顿呢！它一边吃，一边发出“哼哼唧唧”的声音，吃得可开心了。看来燕麦汁液的味道不错呀。

猎人的猎枪里已经没有子弹了，只剩一颗小霰弹，那只能用来打鸟，但是猎人还是决定试一试。

“一定不能任由它糟蹋粮食，我可是个勇敢的猎人，无论如何一定要试试才行。”他暗自说道。

猎人下定了决心，于是装上了最后一颗霰弹，对着狗熊打了一枪。

狗熊被突如其来的枪声吓了一跳，赶忙跑向燕麦地旁边的灌木丛，动作敏捷得仿佛一只灵活轻巧的鸟儿。

但是那只笨狗熊刚躲进灌木丛就摔了一个大跟头，它又连忙爬起来，继续逃命。

看到狗熊被吓成这样，猎人十分高兴。

第二天白天，猎人想去田地里看一看狗熊到底糟蹋了多少粮食。他又来到了这片燕麦地，发现一路上有很多狗熊的粪便，一直延伸到树林深处。那头狗熊都被吓得大小便失禁了！

猎人又跟着踪迹一路找下去，看到那头狗熊倒在地上，已经停止了呼吸。

那可是森林里最可怕的猛兽啊！它怎么会这么胆小呢？一声枪声就把它吓死了。

美味的蘑菇

雨停了，天放了晴，很多蘑菇长了出来。树林里有很多种蘑菇，味道最为鲜美的当属松林里的白蘑菇了。

白蘑菇的帽子是深咖色的，很肥厚，也很可爱。味道很清新，闻起来让人觉得很惬意。

有一种生长在道路边的蘑菇名叫牛肝菌，它们有时候也会生长在车辙的痕迹里。它们的嫩芽长得像小绒球，特别好看。它们的表面有一定的黏度，所以经常黏着一些干树叶和草茎。

还有一种红棕色的蘑菇，它们长在草地上。它们浑身是火红色的，在草地里十分明显。这种蘑菇在林子里很常见。大的像是小碟子，边缘会有虫子咬过的痕迹。中等个头的，只比硬币大一点儿。它们的帽子边是往上卷的，中间则是向下凹陷的，它们的果肉很厚实。

云杉林里的蘑菇跟松林里的是不一样的。虽然它们也是白蘑菇和红棕色的蘑菇，但是它们有不同颜色的帽子。前者的帽子是黄色的，而且颜色发暗，伞柄则很高很细；后者的帽子则是蓝绿色的，上面还长着像年轮一样的纹路。

白杨树和白桦树下也会长蘑菇，它们也是各不相同的，名叫白桦蕈和白杨蕈。白桦蕈生长在离白桦树很远的地方，但是它必须依靠白桦才能生长，没有白桦树就没有它们；白杨蕈则生长在白杨树根上，它们长得很漂亮，蕈帽和蕈柄都像是玉雕的一般，十分养眼。

尼·巴甫洛娃

蘑菇有毒

雨后的树林里也有很多的毒蘑菇。白色的蘑菇一般都是安全的，但也要十分谨慎才行。毒白蕈的毒性十分强烈，只要吃一小口，就相当于是被剧毒的蛇咬了一口，会有生命危险，而且这种毒蘑菇的毒性是不能被完全解除的。

比喻
形象表达了毒白蕈的毒性很强。

但是这种毒白蕈是很好认的。毒白蕈的柄上长着一个套，就好像是被插在花瓶里一样。毒白蕈和香蕈都是白色的，但是香蕈的柄长得很普通，跟毒白蕈完全不一样，所以完全不用担心会混淆它们。

毒白蕈又被称为白毒蝇蕈，因为毒白蕈长得很像毒蝇蕈，所以光看外表很难辨别。

胆蕈和鬼蕈也是很危险的毒蘑菇，而且不容易区分，一不小心就会跟白蘑菇混淆起来。它们跟白蘑菇不一样的地方就在于帽子的背面。白蘑菇的帽子背面是白色和浅黄色，但是它们的则是红色和粉红色。而且，白蘑菇的帽子里面也是白色的，而捏碎胆蕈和鬼蕈的帽子，你会发现它们先是红色，然后会变成黑色。

对比
说明了胆蕈和鬼蕈与白蘑菇之间的区别。

尼·巴甫洛娃

飞满天的“雪花”

昨天的天气很好，晴空万里，烈日炎炎，没有一丝风。但就是这样的大晴天，天空竟然飘起了“雪花”。半空中，“雪花”飞舞着，快要落进湖水里时，它们又飞了起来，在空中飞舞几下再慢慢落下来，几次反复，真是神奇！

今天早上，那些“雪花”还飘在湖面上和岸边。它们就这么飞舞着，没有一丝生气。

这些“雪花”真奇怪！灼热的阳光都不能融化它们，而且也没有反光的现象。仔细一看，这些“雪花”还是脆脆的，而且带着温度，太奇怪了！

我走近了观察，才发现其实这不是雪花，这是一种名叫“蜉蝣”的小虫子。成千上万的蜉蝣聚集在一起扇动翅膀，从远处看去，真的很像飞舞的雪花。

昨天，它们从待了整三年的湖里飞了出来。飞出来之前，它们是长得很丑的幼虫，只能在湖底生活，长久地待在暗无天日的湖底。

在湖底，它们靠着吃淤泥和腐烂的水藻生存，也看不到太阳。它们就在这样的环境里生活了三年！

昨天，它们终于脱掉了那层很丑的外衣，爬上了岸，舒展开它们的翅膀，拖着它们那三根长得像线一样的尾巴，在空中自由地飞舞。真是壮观的景象！

在这可以见到阳光的新生命里，它们自由自在地跳舞，但是它们其实只有一天的寿命，人们又叫它们“短命鬼”。

在这一天的生命里，它们一刻也舍不得停下自己飞舞的身躯，它们不断地变换自己的动作。雌蜉蝣还能趁着这一天，将体内的卵产在水里。

夜幕快要到来，岸边、湖面，到处都是蜉蝣的尸体。

又是一个轮回开始了。幼虫们出生后，走着父母曾走过的路，它们要在湖底度过三年暗淡无光的生活，然后才能蜕变，长出翅膀，享受一天自由自在飞舞的美好时光。

真是让人感到可惜和同情。

少见的白野鸭

有一群野鸭从水面掠过，在湖中央落了脚。

我仔细地观察着它们。这些野鸭的毛色很奇怪，都不是普通的纯灰色，甚至还有一只毛色是浅色的，在一群野鸭的中间游着，十分显眼。

我继续用望远镜观察着。它的全身都是奶油色的，当太阳升起，阳光照耀在大地上时，它竟然又变成了雪白色的。与那群灰色的野鸭不一样，它白得光彩夺目，十分出挑。

我打猎五十多年了，从来没有见过这种颜色的野鸭。我想，可能是它染上了色素缺乏症，这种病能够让动物的血液中缺少相应的色素，所以患病的动物出生时只有白色这一种毛色，或者是很浅的颜色。这对于一些动物来说是十分危险的，因为它们没有该有的保护色，很容易暴露在敌人面前。

这只野鸭太少见了，我很想抓住它，但它们都在湖中央，我不知道要怎么下手。我在一边等待着时机。我很好奇，它有着那样显眼的颜色，是很容易就被发现的，它是怎样逃脱敌人的迫害的？而现在，我耐心地等待着它们从湖中央过来。

令我惊喜的是，我很快就得到了机会。

我在湖边的水湾散步，草丛里突然窜出来几只野鸭，其中就有那只白野鸭。我连忙举起枪，准备射击，但是突然一只灰野鸭飞了起来，挡住了那只白野鸭。灰野鸭被打死了，那只白野鸭趁机飞走了。

这是偶然吗？并不是。我又有几次见到那只白野鸭。那群野鸭总是在湖中央和水湾里游着，它的周围常常有几只灰野鸭围绕，就像它的保镖在保护它。每一次猎人举起枪准备射击的时候，就有灰野鸭飞起来挡住白野鸭，灰野鸭被射中，白野鸭赶紧逃跑。

我一直没有得手。这件事情发生在位于诺夫哥罗德州和加里宁格勒州交界处的皮洛斯湖。

维·比安基

绿色的好朋友

应该种什么树

你知道哪些树适合人工植树造林吗？

列举 16 种乔木和 14 种灌木，经过实践证明，它们是适合在我国的任何地方栽种的。

栎树、杨树、槭树、榆树、松树、樗树、桦树、落叶松、桉树、苹果树、梨树、锦鸡儿、柳树、花楸树、洋槐、蔷薇和醋栗等都是适合栽种的树木。

这些常识大家都应该知道，这样才能便于以后开辟林场。

驻森林通讯员　彼·拉甫诺夫

谢·拉里昂诺夫

植树机器

开辟新的林场需要种植各种各样的树木，这个工作只靠人力是做不到的。

这就需要机器来帮忙了，机器总是在这时候发挥重要的作用。它们可以用来进行播种，也能够移植树木，还可以帮助人们植树。直到现在，人们已经发明了很多种机器来迎合林场种植的需要。更加细致的是，一些有针对性的机器也投入了使用，有的适合在林带造林用，有的适合在峡谷边植树用，有的是专门用来挖池塘和耕土的，还有的机器可以用来养护树苗。

人工水库

夏天的彼得格勒并不是特别热，因为这里有很多的池塘、湖泊和河流。但克里米亚就不同了，那里没有池塘，湖泊也很少，只有一弯很浅的溪流。人们想要过河，只要卷起裤脚就能过去，甚至有时候都没有水的痕迹。

农场的果园和菜园，也时有旱灾发生。于是乡亲们合伙挖了一个水库。水库里可以储存 500 万立方米的水，这可是帮人们解决了一个大问题，人们再也不用担心没有水了。

这里的水可以灌溉 5 平方千米的菜地，还能养鱼和水禽呢！

植树造林

植树造林成了一个很伟大的事业，全国进入了一种造林的狂潮。这些林地可以保护农田，阻挡风沙的侵害，不仅对现在有帮助，对未来的发展也很有帮助。我国正处在和平建设的时期，在伏尔加河、第聂伯河和阿姆河建设了一些大规模的水电站，到时候，大运河能够把伏尔加河和顿河连接起来。人们都在积极响应国家的号召，小学生也不例外，因为每个学生都记得自己曾经许下的诺言：我们要做优秀的公民，所以我们有责任为建设美好的祖国而努力！

在伏尔加河河畔，一排一排的小栎树、小槭树和小梣树生长着，一直延续到草原旁。这些小树苗还很脆弱，还要经历重重困难才能长大，但是它们依旧很坚强、挺立。

我们就像对待自己的弟弟妹妹一样爱护着这些小树苗，不让它们受到一丝一毫的伤害。它们太可爱了，我们打心眼儿里喜爱它们。

一只椋鸟一天可以消灭 200 克的蝗虫，所以我们跟乌斯季契・库尔郡、普利斯坦等地的少先队员们制作了 350 个椋鸟窝，想要它们在这里安家，保护森林。

能够危害小树苗的还有金花鼠之类的啮齿类动物，对待它们有一些特别的方式，如往鼠洞里注水，用捕鼠夹抓它们，但是它们数量很多，要用上很多的捕鼠夹。

这里需要很多的树种和树苗。牧民们要去护林带那里把没有成活的小树苗重新补栽好。为了促进防护林的建设，我们收集了整整一吨的种子，打算在乌斯季契・库尔郡和普利斯坦的学校种树苗。我们还打算建立少先队员巡逻队，跟农村的小朋友们一起保护我们的防护林。

这些事都是少先队员应尽的职责，希望全国的少先队员都能够加入我们的队伍，将我们的祖国建设得更加美好。

萨拉托夫城第 63 中（九年一贯制男子学校）全体学生

树木的战争（续前）

通讯员们来到了第四块采伐地，这里以前是成片的森林，但是现在树木都被砍光了。通讯员们了解到：

白杨树苗和白桦树苗这些比较孱弱的树木都被自己的同类给消灭了，只有云杉挺过了激烈的竞争，存活了下来。

这一片森林里的竞争十分残酷，只要你强壮，你就可以随意欺压对手。一开始，云杉因为弱小，所以在高挺的白桦和白杨面前根本算不上什么，而且总受欺负，但它默默忍受着，在这不见天日的夹缝中慢慢成长。

后来，白杨、白桦都渐渐枯萎了，这对于云杉来说可是个生长的好机会。它们终于得到了阳光的照耀，看到了在这片土地生存下去的希望。

这是云杉第一次见到这么灿烂的阳光，它们还不能很好地适应它，于是病倒了。

要适应有阳光的日子，还需要一段时间呀！

渐渐地，小云杉习惯了有阳光的生活，它们快速地生长着，并且不断扩大自己的领域，不给其他树木生存的机会。

很快，小云杉们跟白杨和白桦长得一样高了，后来又有更多的云杉成长起来，它们一刻不停地竞争着，伸展着自己的枝叶。

直到这时，总是欺负别人的白杨和白桦才意识到，已经有这么多敌人在跟自己争夺森林霸主的地位了。

我们的通讯员们亲眼看见了森林中一场残酷的竞争。

一阵风吹过，很多树木都醒来了，它们看了看彼此，都兴奋了起来。阔叶树第一个反应过来，借着风的力量，它向身边的云杉扑过去，用自己的臂膀用力地击打着对方，让对方没有还手的力量。

白杨同样用自己的臂膀进攻着云杉，跟平时文弱的形象形成了强烈的反差。谁知道总是躲在人后的白杨其实有这么激烈的性格呢？它与云杉扭打在一起，猛烈地攻击着它。

但是云杉并没有认输，几次下来，白杨的树枝被云杉折断了。现在的云杉已经不是以前弱小的模样了，它们现在很强壮，不会被随意欺压了。

白桦比白杨强壮很多，它们的身体很柔韧，在风吹动的时候，它们挥舞着自己的树枝，身边的树木经常被它们挥动的树枝伤害。

在这次对抗中，它们针对着彼此。白桦用力地拍打云杉的枝叶。它的枝条强壮且柔韧，充满了力量，云杉浑身是伤，都快要撑不住了。

白桦扯住了云杉的头发，狠狠地将一缕云杉的头发扯了下来。云杉毫不示弱，它抱住白桦的腰，用力地踢白桦的腿。白桦的腿被踢得脱了皮，很是可怜！

云杉只能够勉强对抗白桦，并没法完全将白桦打退。云杉很坚硬，不易被折断，但是它灵活性不高，而且没有柔韧性，这方面就输给了白桦。

这斗争不知道要多久才能结束，这可不是短时间就能看到结果的，我们的通讯员是看不到了，但是在另一个战场，已经有了最后的结果。

是在哪里有结果了呢？我们会在下一期的《森林报》告诉你，记得去看哦。

园林周活动

这里每一年都会办一次园林周的活动，这是俄国各级政府要求的。10月初在中部和北部省份举行，11月初在南方举行。

第一届园林周举办得非常成功，那时候，全国正在筹办“十月革命”30周年纪念活动。几千个花园在各个地区开出美丽的花，它们争奇斗艳，煞是好看！国有农场、农机站、学校和医院等单位的院子里种了很多的果树，十分壮观。而在一些私人住宅、公路和街道两边则都种了树木，到处是一片生机盎然的景象。我们都在尽自己的力量建设美好的祖国。

直到现在，在园林周开始之前，我们都会提前准备好各种各样的树苗，有苹果树、梨树和浆果树等，就算是没有花园的地方，也会进行各种各样的准备活动，我们都期待和欢迎着园林周的到来。

塔斯社彼得格勒讯

农场生活

这是一年里最忙碌的时节，庄稼就快要收好了，最好的粮食都是要上交国家的，剩下来的才是给自家的。

人们一直忙个不停，先收黑麦，紧接着收小麦，小麦收完后大麦也要成熟了，大麦之后要收燕麦，之后还有荞麦。

送粮食的车队就像在赶庙会一样，在各个路口停着，很是热闹。

拖拉机也开始翻新肥沃的土地，为春天的播种做准备了。忙碌的秋天已经过去，人们开始期待明年的丰收。

浆果早就看不到了，苹果、李子和梨都成熟了，秋色中，越橘都红透了。乡村里的孩子们可高兴了，他们正在敲山梨呢！开心得咯咯直笑。

山鹑一家一直没有安定下来，它们一会儿住在秋播田地里，一会儿又住进春播的田地里，一会儿又换一块田地，真是辛苦。

最后，山鹑一家来到了一片马铃薯地，它们希望在这里安定下来。但是马铃薯地也开始忙碌了，人们都来到这里挖马铃薯，机器也准备就绪了，小孩子们都赶过来凑热闹，一边的篝火已经点着了，他们正在烤马铃薯吃呢！

山鹑没有办法，只好再次离开这里，找别的栖息地。这时候禁猎期快要结束了，猎人们就快要开始打猎了，希望它们找到能够保障自己安全的地方。但是它们要去哪里找呢？人们已经把庄稼收完了，它们找不到可以藏身的地方。

就在这时，它们看到了黑麦田地，它们觉得这是个不错的地方。

猫头鹰

8 月 26 日，我正在运送干草，看到一只猫头鹰停在干柴堆上，眼睛紧盯着柴堆下面。它这是在干什么呢？我停下脚步，凑过去一探究竟。差几步远的距离，猫头鹰竟然没有离开，于是我又上前一步，朝它丢了一根树枝，猫头鹰这才不甘心地离开了。

原来，干柴堆下面有几十只鸟儿，猫头鹰盯上了它们，而那里则是它们的避难所。

驻森林通讯员　列·波利索夫

农场新闻

怎么对付杂草

麦子收完了，麦田里只剩下麦茬儿。田地里一片荒芜，但有些新生命却悄然生长着，那就是杂草。它们将种子洒在地上，扎好根茎，然后就在等着春天的到来了。只要到了春天，人们开始了春耕，它们也就兴奋起来，开始自己的行动。

对付杂草需要用到浅耕机，利用机器把它们的种子翻进土地里，然后切断它们的根茎。

杂草的种子感觉到春天的到来，心里不禁高兴起来。这么暖和的天气，这么软的床，多适合我生长啊！我要快快长大，不能辜负这春光。

而农场的人们也特别高兴，它们知道杂草上当了，不会去破坏马铃薯的生长了。因为深秋的时候杂草会长高，到时候人们重新翻土，就能彻底消灭杂草了。

尼·巴甫洛娃

虚惊一场

今天，有很多陌生人走进了树林，他们在地上铺了一层干燥的植物茎秆。他们要干什么？是发明了什么新的武器来对付我们的吗？

树林里的居民们都特别慌张，它们的内心十分地忐忑不安，似乎有什么大事要发生。

其实那些人并没有恶意，他们铺的那一层东西其实是亚麻。亚麻铺在地上，经过雨露的滋润，可以使农民比较方便地抽出纤维。

真是虚惊一场。

尼·巴甫洛娃

黄瓜的苦恼

“农民怎么能这样对待我们呢？两天就进行一次采摘，那些小的黄瓜还没有长大呢，太不人道了！难道就不能让它们安稳地长大吗？”黄瓜们聚在一起讨论着，十分生气。

但它们做不了什么，抱怨是不能帮助它们解决问题的，也改变不了人们的行为。人们可不想等黄瓜长大，长大的黄瓜口感不好，只有小黄瓜鲜嫩多汁，十分好吃。那些大黄瓜则是用来培育种子的。

尼·巴甫洛娃

帽子的款式

松乳菇和牛肝菌一般生长在道路两边或者是树林的空地上。松乳菇的全身都是火红色的，它的身子胖胖的，头上戴着的帽子有一圈花纹，好看极了！

牛肝菌的帽子则不一样了。它们的帽子上总是粘着一些树叶和杂草，让人觉得很不舒服。谁都不喜欢戴这样的帽子吧，脏兮兮的，太丑了。

尼·巴甫洛娃

落空

一群蜻蜓想要抓几只蜜蜂吃，但是农场的养蜂场今天一只蜜蜂也看不到了，这是怎么回事？它们不懂，就这样白跑了一趟。后来才知道，原来7月中旬以后，蜜蜂们离开这里去林中的帚石南花园，那里是蜜蜂的第二个家。

在那里，蜜蜂会酿出蜂蜜，直到帚石南花凋谢，它们才会回到原来的地方。

尼·巴甫洛娃

我的好帮手

有一窝小琴鸡正在觅食，它们在林子边小心翼翼地走着。它们的警惕性特别高，准备遇到危险就立刻躲进林子里。

它们找到了一些浆果，于是开心地吃起来。

这时，一只小琴鸡觉得不太对劲。它抬头一看，映入眼帘的是一张狗的脸，就在草丛的另一边。它的嘴唇很肥厚，一双巨大的眼睛紧紧盯着小琴鸡，真是太恐怖了！

小琴鸡吓得浑身直打哆嗦，它警惕地看着猎狗，缩成一团，在脑子里想自己的命运。它随时准备好了逃走，只要猎狗一动，它立马就会张开翅膀飞走。

时间在这一刻好像静止了一样。猎狗一直紧紧盯着小琴鸡，小琴鸡也就一直没有动作。

突然，听到一声命令：

"上！"

猎狗都扑了过来，小琴鸡们连忙挥动翅膀飞了起来，像箭一样迅猛。

砰！只听得一声枪响，硝烟弥漫，有一只小琴鸡中枪了。

猎人把小琴鸡捡了起来，然后让猎狗继续往前走。

"慢点儿慢点儿，轻点儿轻点儿，嘿，仔细点儿……"

不公正的骗局

猎人沿着小路，走在云杉林里。

"扑啦啦，扑啦啦！"

有一群琴鸡从他的脚边上飞出来，有八九只吧。

它们躲进了林子深处，猎人这才反应过来。

真让人无奈啊！它们没有留下任何线索，不知道它们会飞去哪里，就算仔细找也找不到。

这时，猎人从一棵云杉树后面拿出一支短笛，轻轻吹了一下，然后他坐在一边的小树桩上，一边扣着扳机，一边再一次吹响短笛。

马上就有好戏看了。

琴鸡们很老实地躲在树枝上，它们把自己藏得特别好，不听到妈妈的信号，它们是不会动的，一点儿动作都不行。

“哔儿克！哔儿克！哔特儿！”它们听到了妈妈发出的信号。

安全了。大家都出来了。

一只小琴鸡率先从树上飞了下来，它伸长了脖子，寻找声音的来源。

“哔儿克！哔儿克！哔特儿！”这是在说：“我在这儿呢，你快过来！”

小琴鸡赶紧朝着小路跑过去，它好像看到了妈妈就在那里等着自己呢。

小琴鸡很兴奋，但它怎么能想到，自己正在奔向猎人的枪口呢！

砰！一声枪响，小琴鸡被猎人打中了。

猎人又一次吹响了短笛。

“哔儿克！哔儿克！哔特儿！”

小琴鸡们又听到了妈妈在喊它们，于是又一只小琴鸡中了猎人的圈套，向着枪口奔过去。

真可怜！

本报特约通讯员

品读赏析

本章描写的是夏季快要结束的时候，森林动物们的生活状态。动物宝宝们也都已经长大，即将脱离父母的陪伴自己出去闯荡。这个时候太阳也不再炙烤大地，植物们也快要成熟了，充满了惬意和喜悦之情。

秋

秋季第一月

9月21日—10月20日

太阳进入天秤宫

候鸟离家月

名师导读

秋天到了，花草树木开始慢慢枯萎，农场的庄稼也成熟了，菜园的蔬菜水果也被收割了，小动物们也忙着收获粮食，候鸟也开始往南方迁徙。

一年：分为12个月的太阳乐章

秋天来了。

树上的叶子从黄色变成了红色，接着又变成褐色，直到枯萎。起风的时候，树叶自然飘落下来，它们在空中舞动着，这边是一片红色的白杨叶子，那边是一片黄色的桦树叶子，轻轻地落到地面上。最后，秋风把残留在树上的叶子全都拽到了地上，森林脱下了华丽的夏装。

> 环境描写　描写了秋天到来的景象。

早晨，揉揉惺忪的睡眼，青草上一层层的白霜最先映入眼帘。“秋天已经来到了！”这是你的日记本上出现的一句话。

雨燕已经飞走了，我们眼眸里已经捕捉不到它们的倩影了。候鸟都是留在这里度过夏天的，在漆黑的夜里，它们一起悄悄地飞行，这将是一个漫长而又遥远的旅行。天空一下变得空旷了，温暖的河水也变得冰凉起来了，在河边嬉戏游玩的人们都不知去哪了……

读书笔记

兔妈妈好像不愿意承认秋天来了的事实，还在不停地忙碌着，又一窝可爱的兔宝宝出生了！“落叶兔！”人们就是这样喊它们的。

每当季节交替时，森林里的通讯员们就会发出电报，告诉我们每时每刻都有新消息，天天都有大事件。鸟儿们的迁徙大军已开始集结了，它们将穿梭于南方和北方之间。

秋天的序幕正式拉开了！

森林通讯员发来的第四封电报

那些漂亮的鸟儿们在半夜里就开始了行程，所以我们没能够看到它们启程。

对于鸟儿们来说，晚上飞行会比白天飞行安全很多，所以大多数鸟儿们会选择夜间飞行。一些游隼、老鹰等猛禽早早地飞出森林去等这些迁徙的鸟儿。晚上，候鸟也能够识别南飞的路线，而那些猛禽也不会在晚上出来捕杀它们。

在飞行的旅途中，海上会出现很多水禽的身影，如果它们觉得累了，就会在春天曾经落脚的地方休息一下。

森林里，叶子变得枯黄，一片萧瑟的景象。兔妈妈生下了六只可爱的“落叶兔”。

每天晚上，在海湾内岸上的淤泥里，我们都会发现很多小十字形和小点子形的印记。为了弄清楚到底是谁这么调皮，我们在岸上搭建了一个临时小棚子。

远行前的离别

白桦树已经掉光了叶子，变得光秃秃的。树上只留下一个空荡荡的小房子，显然它已经被主人丢弃了。这个小房子是椋鸟的巢，不过它们已经离开很长时间了。

让人感到奇怪的事情发生了。两只椋鸟突然飞过来，雌鸟刚到巢门口就进去忙活起来了，雄鸟则停靠在枝头东张西望着，还唱起了欢快的歌！

一曲歌罢，雌鸟正好出来。它展开翅膀飞向了鸟群。雄鸟紧随其后也飞了过去。遥远的旅程即将开启，也许是今天，也许是明天。

夏天的时候，它们曾经在这里孵化出自己的宝宝，所以它们是来告别的。

它们会牢牢记得小窝温暖而舒适，等到第二年春天来临的时候，它们仍然会回到这里安家。

林中纪事

森林勇士

傍晚的时候，公驼鹿走过来，它们会发出一阵阵短促而低沉的吼叫声。你看，它们身躯威猛，长着长长的犄角，是名副其实的森林勇士。每当它们遇到对手的时候，就会发出充满愤怒的号叫。

在森林的空旷之处，勇士们碰到一起了。它们晃动着头上的犄角，用力地刨着地上的泥土，一副威风凛凛的样子，让人望而生畏。它们的眼睛里布满了血丝，硕大的犄角随着头垂下来。它们弓着身子，向对方扑过去。很快地，巨大的犄角撞击着，勾在一起。它们用尽全身力气，想要把对方杀死。

快看，它们一会儿扭打在一起，一会儿又飞快地分开来，一会儿弓着身子倒下，一会儿又站起来向对方发出猛烈的攻击。

犄角撞击时发出的咚咚的、沉闷的响声传得很远很远。公驼鹿的犄角特别宽大，就像是耕田的犁一样，所以人们给它们起了个名字叫“犁角兽”。

获胜的公驼鹿用它那有力的蹄子踩踏着失败者，直到对方死去。战败的公驼鹿如果不能及时逃离战场，就会被对手杀死。失败者死去以后，森林里就会响起获胜的犁角兽雄壮而有力的吼声。

一只母驼鹿在森林深处安静地等待着胜利者的到来。母驼鹿与公驼鹿不同的是，母驼鹿是没有犄角的。取得胜利的公驼鹿于是就成为这一片森林的主人，它捍卫着自己的领地，就连刚刚出生的小驼鹿，也会被它无情地撵走。

你听，森林里又传出了公驼鹿雷鸣般的嘶叫声……

最后的浆果

蔓越橘生长在沼泽地里，它把根扎在泥炭的草墩上。这时候，它的果实已经熟了，青苔上到处都垂落着浆果。从远处你可以看到这些浆果，但是却看不清楚它们长在哪里。走近之后，你才能够看到一些像线一样细小的茎缠绕在青苔垫子上，两侧有坚硬的叶子，这些叶子特别小，但是排列得非常整齐。

这是一棵小灌木。

尼·巴甫洛娃

候鸟踏上旅程了

每天夜里，总会有很多候鸟整装出发。它们现在要飞往南方，和春天飞往北方不同的是，春天返回的时候，它们匆匆忙忙，现在却不慌不忙、有条不紊地进行着，而且中途累了的话，可以停下休息好长时间。它们恋恋不舍的样子让人想到了即将远行的游子。

候鸟飞往南方和飞往北方的次序正好相反：长着漂亮羽毛的鸟儿是最先离开的，

而春天最早回来的燕雀、百灵和鸥鸟却是坚持到最后才会恋恋不舍地离开。在南飞的过程中，年幼的鸟儿会先飞走，雌燕雀比雄燕雀先走，最后飞走的是那些能吃苦耐寒的鸟儿。

大部分候鸟会直接飞往南方，飞到法国、意大利、西班牙、地中海和非洲，有些鸟儿会飞到印度，还有些鸟儿会飞到美国去。几千公里的路程在它们脚下，只不过是一闪而过。

尼·巴甫洛娃

蜜环菌

森林里空旷而潮湿，树叶腐烂的气味弥漫着整个森林，到处是一片萧条的景象。让人欣慰的是蜜环菌的存在，它们有的在树墩上安家，有的在树干上落户，还有的扎根在地上。采蘑菇是一件非常愉快的事，人们挑着最好的蘑菇帽采摘，很快就装满了一篮子。

小蜜环菌长得可漂亮了！最初，蘑菇帽就像是宝宝们戴的没边儿的帽子，紧紧的，还有一条白围巾呢！几天以后，帽子的边儿翘起来，看起来就像是一顶漂亮的礼帽，下边的白围巾则变成了可爱的领结。

在蜜环菌的菇帽上，长满了烟丝一般细小的鳞片。淡淡的浅褐色给人一种舒适的感觉。菇帽下的褶儿颜色不尽相同，老蜜环菌的是淡黄色，小蜜环菌的却是银白色。

你有没有留意到，当老菇帽包住小菇帽的时候，小菇帽上似乎是被扑了厚厚一层粉。这可不是它发霉了，而是从老菇帽上掉下来的孢子呢！

你知道蜜环菌区别于毒蘑菇的地方在哪吗？让我来告诉你，毒蘑菇的菇帽下没有领子，菇帽上也没有鳞片，而且毒蘑菇的菇帽颜色鲜艳，有黄色的，有粉色的。毒蘑菇菇帽下的褶儿是浅绿色的，也有的是黄色的，孢子的颜色是黑色的。

尼·巴甫洛娃

森林通讯员发来的第五封电报

我们在海湾那里埋伏，经过仔细观察，终于发现了海湾上那些十字形脚印和小点点的来历，原来都是滨鹬留下的。

海湾很小，上面布满了淤泥，而滨鹬就在这里歇脚、吃东西。它们在柔软的淤泥上自由自在地走着，尽情地放松自己，身后是一串串十字形的脚印。它们的嘴巴很长，吃东西的时候，它们会把长嘴巴伸到淤泥中寻找藏在里边的小肥虫子。那些嘴巴啄过的痕迹，就是一个个的小圆点。

我们很幸运地捉到一只鹳，然后把一个刻着字的铝制金属环套在它的脚上。然后，我们把这只鹳放飞，很快它就带着脚上的铝环飞向了高空。如果说它在过冬的地方被人们捕捉到了，那么我们就会通过报纸知道它的去向，知道它到什么地方过冬去了。

森林里树叶变了颜色，纷纷扬扬地飘落，如同一只只形态各异的蝴蝶。

本报特约通讯员

城市新闻

强盗来了

让人难以置信的事发生了。在人们的眼皮底下，彼得格勒的伊萨基耶夫斯基广场上居然发生了强盗式的袭击事件。

当一群鸽子从广场上起飞的时候，遇到了一只大隼的突然袭击。这只大隼从大教堂的圆顶上俯冲而下，迅猛地扑向一只鸽子。鸽群突然遇到这种变故，霎时间乱作一团，羽毛掉得到处都是。

鸽子们如同惊弓之鸟一般飞散了，躲避在附近房子的屋檐下。大隼锋利的爪子抓着一只非常不幸的鸽子，迅速向教堂的圆顶飞去了。

大隼也是候鸟之一，在它们迁徙的途中会路过我们的城市。这些大鸟非常凶猛，像强盗似的。它们总是落在高高的钟楼上，虎视眈眈地盯着下面，随时准备捕食猎物。

午夜惊魂

郊区的晚上，总是会有一种声音打扰人们的美梦。

每天夜里，院子里很吵，人们不知道怎么回事，就打开窗户，伸出头去看看到底发生了什么事。

你听！鹅的叫声不停地传来，还有鸭子嘎嘎嘎的叫声，掺杂着翅膀扑棱的声音，此起彼伏。是有黄鼠狼？还是有狐狸进来了呢？

但是，房子的门是铁门，而且关得很紧，石头砌成的围墙非常坚固，狐狸和黄鼠狼是不可能进来的。主人被吵得无法入睡，就起床查看，整个院子包括家禽栏都没有发现黄鼠狼或者狐狸的影子。现在，家禽很安静，好像刚才什么都没有发生似的。

于是，人们就安心地回去睡了。

一个小时之后，似乎又有什么吓到了家禽，它们又开始闹腾起来。究竟是哪里出了错？为什么家禽会这样不安？

当你悄悄地打开窗户，躲在窗后面静静地倾听，却发现这深夜除了空中微弱的星光，其他的什么都没有。好一个寂静的深夜！如果仔细看的话，可以发现空中好像飞过一道黑影，那黑影排成的长队将天上的星光都给遮住了。也许你还能听到一两声断断续续的鸟鸣，由于距离地面很远，声音也显得模糊不清了。你知道那是什么吗？那正是赶夜路南迁的大雁、雪雁和野鸭。

长得像猫的山鼠

我们正在挑马铃薯，这时候听到了“沙沙”的声音，原来是有只小动物正从地下向上钻。

一只狗听到动静，立刻跑过来，用鼻子在这里嗅来嗅去。小家伙灵活地钻来钻去，狗狗就“汪汪”地叫着，锋利的爪子不停地刨着地上的土。突然，小家伙朝着狗狗的方向钻过来了。

这时候，狗狗锋利的爪子已经刨出了一个小坑，小家伙的头顶快露出来了。狗狗不停地刨着，小家伙的头刚刚露出一点，就被狗狗从洞里边叼了出来。小家伙很勇敢，居然还想咬上狗狗一口呢！可惜双方的力量悬殊，狗狗轻易地就将它给甩出去了。

定睛一看，原来这个小家伙长得跟猫差不多，不过毛的颜色却是蓝色的，还夹杂着黑色、白色和黄色。原来，它是一只山鼠啊！

森林通讯员发来的第六封电报

清晨，一阵寒气袭来。

一些灌木叶子如同被刀削过似的，纷纷飘落下来。

苍蝇、蝴蝶、甲虫都躲起来了，再也看不到它们的踪影。

候鸟中的一些鸣禽似乎是饿坏了，匆匆忙忙地从大片树林上空飞过。

鸫鸟的目的地是果林，果树上挂满了熟透的山梨，所以它们根本就不用担心食物的问题。

光秃秃的树林里没有一丝风，树木像是睡着了似的，鸟儿们也都睡去了，整个树林静悄悄的。

本报特约通讯员

躲藏起来

天气越来越冷了。

夏天正在远离我们而去……

冬眠的小动物们血液都快要凝结了，一心只想着睡觉，连动弹一下都不肯。

蝾螈有着长长的尾巴，夏天的时候，它就潜伏在池塘里。但是，现在它却爬上岸来，慢悠悠地向树林爬去。前面有一个已经腐烂的树墩，也许它觉得这是一个不错的地方，就钻到树皮下面，紧紧地缩成一团了。

和蝾螈相比，青蛙正好相反。它们从岸上跳进池塘里，钻到淤泥里去了。树根底下厚厚的青苔很暖和，蛇和蜥蜴将身子蜷缩到青苔里面，美美地睡着了。鱼儿们你挤我，我挤你的，争先恐后地朝水底的坑里游去。

蝴蝶、苍蝇、蚊虫和甲虫不甘落后地钻进树皮和墙壁的缝隙里；蚂蚁城堡的一百多个出入口全部都堵上了。大家在巢穴的最深处，紧紧地抱在一起，一动不动地睡了。

蝙蝠也选择藏在树洞、石穴、岩缝以及阁楼的屋顶下面睡大觉了。你知道它们是怎样睡觉的吗？它们头朝下倒挂在一个东西上，它们的翅膀很大，像一个大斗篷，紧紧地裹住身体。

那些不冬眠的飞禽走兽属于热血动物，食物给它们带来身体所必需的能量，所以它们不会觉得太冷。只要能吃到食物，它们的身体就会暖和起来。不过，寒冷和饥饿时刻威胁着它们，所以日子过得也不是很轻松。

候鸟过冬的地方

秋天的美景

如果换个角度从空中来欣赏我们的祖国的话，肯定是一件美好的事！秋天的时候，当你乘坐热气球，升到离地面 30 公里的地方，那里比巍然屹立的森林还要高，脚下是飘浮的白云。就算是这么高，你却依然不能将祖国的边缘看清楚。如果遇到晴天，蔚蓝的天空上没有云层的遮盖，你的视野会更加开阔。

从空中俯瞰我们的大地，大地像是在移动。其实这不过是一种错觉，哪怕是森林、草原、山丘和海洋上有东西在移动……

快看啊，一群鸟儿正飞过。

生活在我们这里的一些候鸟正飞往南方，但是麻雀、黄雀、山雀、鸽子、灰雀、啄木鸟、鹌鹑都会选择留下。野雉、老鹰和大猫头鹰也不会飞去南方。冬天，由于大多数鸟儿都离开了，这些猛禽也没什么可干的。

夏末秋初的时候，鸟儿们就开始踏上旅程了。鸟儿们的迁徙会持续整整一个秋天，一直到河水封冻才会停止。最先返回的云雀、椋鸟、秃鼻乌鸦、野鸭以及鸥等，却是最后飞走的。

鸟儿去哪里了

你们是不是觉得所有迁徙的鸟儿们，到了迁徙的时候，都是从北向南呢？告诉你，事实上鸟迁徙的方向并不只是南方！

因为种类不同，所以鸟儿在迁徙的时候，飞走的时间也是不一样的。大多数的鸟儿为了安全着想，会选择在夜里飞行。当然，那些迁徙的鸟儿并不是全部都去南方过冬。一些鸟儿在秋天的时候从东方飞到西方去过冬；也有一些鸟儿却正好相反，它们从西方飞往东方去过冬，还有一些鸟儿，到了冷的时候，居然飞到北方去过冬！

我们的特约记者会通过无线广播或者无线电报传回消息，告诉我们鸟儿迁徙的方向，以及这些小家伙在迁徙过程中的身体状况。

东迁的鸟儿

快听，朱雀们正在“嘁，咦！嘁，咦！”地交流！发生什么事了？原来到了8月，它们就要开始它们的行程了。它们从彼得格勒地区、波罗的海和诺夫戈拉德地区踏上旅途。人们不明白的是，为什么它们会在食物还算充足的情况下就急着出发呢？春天的时候，它们是着急赶回家养育小宝贝们，可是现在为什么要着急离开呢？

它们会经过乌拉尔河上空，还会飞过乌拉尔山脉和巴拉巴草原上成片的桦树林。它们朝着太阳升起的地方不停地飞翔着，这个时候正飞翔在西伯利亚西部的巴拉巴草原上呢！

白天，它们会休整和吃东西；晚上，它们就继续飞行。为了防止遇到意外，鸟儿们保持着高度警惕，成群结队地飞行。然而，愿望是美好的，现实却是残忍的。只要稍不留神，就会发生老鹰捉走小鸟的事情。燕隼、灰背隼、雀鹰这类猛禽飞行的速度惊人，它们经常在鸟群飞行的时候，以迅雷不及掩耳之势偷袭鸟群。因此，在经过树林的时候，会有很多鸟儿被猛禽捉走！晚上与白天不同，夜里飞行会安全很多，毕竟猫头鹰的数量还是有限的。

最后，朱雀要飞到炎热的印度去过冬。旅途中充满了危险，很多小家伙会在路途中失去生命！

一只北极燕鸥的旅程

1955年7月5日，在北极圈外白海边的干达拉克沙禁猎区内，一位年轻的俄罗斯科学家把一个铝制的金属轻环套在一只北极燕鸥腿上，金属轻环上还写着“Φ-197357”。

1955年7月底，当小鸟刚刚学会飞行，它们就要跟着妈妈和其他的北极燕鸥一起启程，踏上它们的冬季旅程了。在旅途刚开始的时候，它们会经过白海海域，然后再沿着科拉半岛北岸飞向西面，接下来，它们会经过挪威、英国、葡萄牙和整个非洲的海岸线往南飞，飞向南极。

1956年5月16日，一位澳大利亚科学家在澳洲西海岸的弗里曼特尔港口附近抓住了一只北极燕鸥，就是脚上套着写着“Φ-197357”的金属轻环的那只北极燕鸥。从干达拉克沙到福里曼特尔的直线距离是24000千米，这是多么远的距离啊！真让人难以置信！

向西迁徙的鸟儿

在奥涅加湖上，每年夏季都会有一批海鸥和野鸭出生。它们飞起来之后的情形完全相反，野鸭飞起来像是一片乌云，海鸥飞起来却像是一片白云。秋天的时候，海鸥和野鸭都会朝着太阳落下去的方向飞走。你看！一群海鸥和针尾鸭已经出发了，于是我们就坐上飞机，跟在它们的后面。

一阵刺耳的呼啸声传过来，紧接着就是翅膀的拍打声，还有野鸭和海鸥由于害怕发出的乱叫声……

原来，这些海鸥和针尾鸭路过这片丛林中的湖泊，就想着要歇息一下，哪知道一只路过的游隼突然从它们上空划过，发出牧人长鞭挥动时产生的啸声。只见它伸出爪子，迅速冲向野鸭群，被袭击的野鸭那长长的脖子低垂了下来。游隼猛然转身，那闪电般迅猛的速度让人还没看清楚，那只野鸭已经落在了游隼锋利的爪子中了。可怜的鸭子！

游隼行动迅速，简直就是来去无影踪，它们悄悄地跟在鸭群后面。从奥涅加湖畔出发，飞过彼得格勒、芬兰湾、拉脱维亚……每次当它们猎杀野鸭饱餐之后，就会蹲在树枝或者岩石上，静静地看着眼前的一切。海鸥在水面上空自由地飞翔着，野鸭们快乐地翻着跟头。当它们休整好之后，就又成群结队地继续西行了。那里有美丽的夕阳，有灰色海水的波罗的海。每次游隼觉得饿了，就毫不犹豫地追赶上野鸭群，迅速抓走一只野鸭祭奠它的“五脏庙”。

所以说，野鸭就是游隼的移动餐点。它们会一直跟随野鸭群飞过波罗海岸和北海海岸，直到到达不列颠群岛，它们才会停止。一些野鸭和海鸥会把这里当作过冬的家园。如果游隼不肯离去，它们还会跟着其他的鸭群向南穿过法国、意大利，越过地中海，飞向炎热的非洲。

飞向北极

很多冬衣是用多毛绒鸭的鸭绒填充的，那你知道多毛绒鸭生活在什么地方吗？它们生活在白海的干达拉克沙禁猎区，生活在这里的多毛绒鸭一直受到禁猎区的保护，所以能幸福地生活着，顺利地孵化出下一代，并健康快乐地成长。一些科学家和大学生想要知道绒鸭离开白海会去什么地方，有多少只绒鸭能按时返回禁猎区等事情，就在绒鸭的脚上套上了轻质金属环，并且在金属环上面标上了独一无二的编码。

经过细心的研究之后，我们明白了，绒鸭从禁猎区出发以后，会游向北冰洋。在北冰洋，生活着喜欢大声叹息的白鲸，还有格陵兰海豹。

当厚厚的冰层覆盖了白海海面，这就意味着绒鸭已经没有食物可以吃了。不同于此处的是北方的水面，那里常年不结冰，所以海豹和大白鲸在那里可以轻松地捉到食物。

绒鸭吃什么呢？软体小动物。它们会从岩石和水草上面啄食一些小型的软体动物。生活在北方的鸟只要能够吃饱，就会感到非常满足和幸福。虽然天气寒冷，处处充满了黑暗，但是它们却没有感到恐慌和害怕。绒鸭的绒毛又轻又暖，一点都不透风，是世界上最舒适的“外套”。绚丽的北极光、明亮的月亮、眨着眼睛的星星，一直陪伴着它们。北极，会连续几个月都是黑夜，看不到太阳，可是这对于绒鸭来说根本就不算什么，因为它们只要能过上自由自在、吃饱喝足的美满生活就足够了。

树木的战争

我们《森林报》的通讯员在森林里发现了一个地方，在那里，树木间的战争已经结束。

那个地方叫作云杉王国，那也是我们森林通讯员开始旅行的地方。

这场战争已经尘埃落定，我们的记者有幸看到了战争的结局。在这场云杉与白杨、白桦的战争中，最终取得胜利的是云杉，尽管大批云杉在战斗中死去，但它们却是最后的胜利者。

云杉比白杨和白桦寿命长，也比它们年轻。年老的白杨和白桦的生长速度已经没有云杉快了。云杉长得高高大大，毛茸茸的“手掌”把敌人紧紧遮盖住，那些喜阳的植物渐渐枯萎了。

云杉越长越高，枝叶茂盛，它们的“手掌”也跟着变得大起来，树荫越来越浓了。在它的树荫里，苔藓、地衣、蠹虫、蠹蛾等正等着那些逐渐腐烂的树木。

时光如梭，日子一年年过去了。

那片茂密的云杉林也没有逃脱被人们砍伐的命运，100 年过去了，那砍伐迹地的争夺也持续了 100 年。现在出现在那里的依然是一片云杉林。

那里没有了鸟儿的歌唱，没有了活泼可爱的小动物们，只有一如既往的阴森。偶尔会出现一点绿色，但是用不了多久，也就枯萎了。

每年冬天，森林里的树木们都会停止战争。它们睡着的时候，睡得比冬眠的狗熊还要沉，就像死去了似的。这时候，它们不吃不喝，不生长，身体里的“血液”也不流动，只有轻微的呼吸声。

整个森林非常安静。

我们的记者听说，这片云杉林在今年冬天的时候就要被全部砍掉了。

也许，明年的春天，这里又会出现其他树木之间的战争吧。

这次，我们会在这里种上新的树木，仔细呵护它们生长。如果有树木遮挡了它们，我们还会为它们砍出几扇“天窗”，让它们享受温暖的阳光。云杉，将不再是胜利者。

到那个时候，这里一年四季都会听到鸟儿们欢快的歌声了。

和平树

最近，我们学校开展了一项活动，那就是倡导莫斯科拉缅斯基区的低年级同学种树。大家需要在植树周的时候栽种一棵象征和平的树，并细心地照顾它们长大。和平树将会陪伴他们快乐地学习、成长。

莫斯科　朱可夫斯基

第四中学全体学生

农场生活

庄稼已经收割完了，田野里空荡荡的。人们的餐桌上，出现了用新粮食做成的面包。

田边的斜坡上长满了亚麻，再过一段时间，人们就要把它收起来，搬到打谷场上使劲地揉搓，把亚麻剥下来。

一个月前，孩子们开学了，在地里已经看不到孩子们劳动的身影了。人们把土豆挖出来之后，会将丰收的果实分成两部分，一部分运到车站，另一部分埋到干燥的沙丘坑里面。

最后，人们把包心菜认真地卷好，装到车子上拉走，菜园子里也空荡荡的了。

秋天，人们种下了一些庄稼，田地里已经一片绿油油的了。田野里，到处是一群一群的山鹑，这里、那里，到处都是。它们成群结队，每群的数量都不少于100只。

如果这个季节过了，就猎不到灰山鹑了，让人有一丝丝遗憾。

征服沟壑

田野里出现了沟壑，而且有着不断扩大的趋势，农场上的田地都快被它侵吞了。这让人们很头疼，少先队员们也跟着着急。于是，我们成立了专门的小组，讨论治理沟壑、防止它继续扩大的办法。

我们懂得：只有在沟壑的周围栽上树木，将它围起来，才能阻止沟壑继续扩大。树木的根可以将沟壑的边缘和斜坡加固起来。

秋天到了，而我们讨论后得出的办法是在春天才可以进行的。所以，我们开辟了一块地，在地里培育了一千多棵树苗，树苗的种类很多，有白杨、藤蔓灌木以及槐树，为明年春天的栽种做好了准备工作。

我们相信，在几年之后，树木会将沟壑和斜坡牢牢地稳固住，我们的农田也就不会再受到侵害了。

少先队大队委员会主席　科里亚·阿加丰诺夫

采集树种

秋天是丰收的季节，很多灌木和乔木都结出了果实和种子。所以，这个时期最重要的事就是采集种子，然后把收集的种子种到苗圃里，目的是对河岸和池塘进行绿化。

种子和果实成熟之前，或者是刚刚成熟的时候，是采集乔木和灌木种子的大好时机。那些橡树、尖叶槭树和西伯利亚落叶松种子，更应该及时采集。

在9月份，能采摘的树种有很多：苹果树、红接骨木、野梨树、皂荚树、榛树、雪球花树、沙棘树、马栗树、夹叶胡秃子树和欧洲板栗树、乌荆子树、丁香和野蔷薇等。生长在克里米亚和高加索地区的山茱萸种子，也是在这个时候采集的。

我们的好方法

国家提倡植树造林，因为这是利国利民的大事，所以，现在植树造林已经成为全国人民共同从事的美好事业了。

植树节是名副其实的造林日。这一天，我们为了防止太阳烤干池塘，在农场池塘周围种上很多树苗；为了巩固那陡峭的河岸，我们在高高的河岸边栽上了树苗。我们还对学校的运动场进行了绿化。让人高兴的是，我们栽种的这些树苗都成活了，一个夏天的时间，它们就长大了很多。

我们还有一个绝招呢！

冬天的时候，大雪掩埋了田里所有的道路。人们为了避免道路被雪覆盖，就砍下大片云杉，做成路标，插在雪地里。这路标为风雪中迷路的行人指明了道路。

我们就想：怎样可以一次解决这个问题呢？每年都砍掉大片云杉做路标，这样可不大好。如果我们在道路两旁栽上云杉树苗的话，等小云杉长大后，不就可以当作路标了吗？它们还可以起到保护道路不被大雪掩埋的重要作用呢！

于是，我们马上开始了栽种云杉树苗的工程。

我们在林子里挖了好多小云杉，把它们移栽到道路两旁，一派热火朝天的景象。

我们对小云杉进行了细心的照顾，给它们浇水、捉虫，很快，所有小树苗在新家快乐茁壮地成长起来！

驻森林通讯员　瓦涅·扎尼亚京

农场要闻

怎样挑选小母鸡

你知道怎么挑选小母鸡吗？挑选小母鸡是有窍门的。前天，有人到养禽场里边来买小母鸡，饲养员就把小母鸡小心地赶到角落里，让专家挑选。

只见专家捉住一只小鸡，展示给大家看。这只小鸡嘴巴很长，鸡冠颜色比较浅，眼神迷迷糊糊的，一点都不精神，让人觉得傻乎乎的。它不安地看了一下周围，好像在问："这是怎么回事？人们在干吗呢？"

专家把它举得高高的，有条不紊地说："这只母鸡看上去萎靡不振，以后是不会好好下蛋的，所以我们不要选择这样的母鸡。"

专家又从众多小鸡中挑出一只小母鸡，这只小母鸡一看就让人喜欢：宽宽的脑袋，鲜艳的鸡冠，短短的鸡嘴，大大的眼睛炯炯有神。它在专家的手里拼命挣扎，好像在说："你要干什么？赶快把我放下去！我要下去！"

这只小母鸡不安地看着周围，发出细小的"咯咯"声，也许是在请求专家不要伤害它吧。专家说："这只小母鸡一看就是一只能产蛋的鸡。"所以，我们在挑选小母鸡的时候，要挑选精力充沛、活泼乐观的，这样的小母鸡才能下很多蛋呢！

小鲤鱼搬家记

最近，小鲤鱼家有喜事，那就是它搬了新家。

春天的时候，鲤鱼妈妈在一个池塘里产下很多卵，孵化出70多万条小鱼宝宝。在这个池塘里，很少有吃鱼仔的家伙来捣乱，所以这些鱼宝宝就在这里开心快乐地生活着。池塘里温度适宜，食物丰富，很快，鱼宝宝就感到拥挤了。于是，大家召开会议，决定要搬到夏天的大池塘里边去。夏天过去了，鱼宝宝长得和鱼妈妈越来越像了，除了个头小一点之外，它们已经是一条真真正正的鲤鱼了。

现在，小鲤鱼就要搬去冬季的池塘里了。

快乐的休息日

今天是礼拜天，一些小学生兴致勃勃地来到朝霞农场帮忙。他们要在这里帮助大人们采收甜菜、胡萝卜、油菜和芜菁等。

芜菁的块头之大让孩子们感到非常惊奇，在这群孩子里面，个子最大的是瓦吉克，但是芜菁的块头比他的脑袋还要大，真是名副其实的"大头菜"！

不过，芜菁的大块头还不是最让孩子们惊奇的，因为他们对做饲料用的胡萝卜更感兴趣。

你看，坎娜的脚旁放着一个胡萝卜，她发现这个胡萝卜居然长到自己的膝盖那样高！胡萝卜上面的部分跟自己的巴掌一样宽。

孩子们围绕着胡萝卜和芜菁大谈特谈，他们展开丰富的想象，认为在过去的时候，大胡萝卜和芜菁完全可以用到战争中去当武器，它们绝对可以打破敌人的脑袋，取得战争的胜利。

瓦吉克说："那可不一定，也许那时候，根本就没有这么大的胡萝卜和芜菁呢！"

不管怎样，这个休息日，孩子们是开心的，收获很大。

偷蜂蜜的贼

在一个非常非常寒冷的天气下，蜜蜂待在蜂房里，哪也没有去。蜂蜜的香甜味道随风飘出很远，黄蜂就被这香甜的味道吸引来了。

黄蜂是来抢蜂蜜的，它们疯狂地闯进养蜂场，意图将蜂蜜据为己有。在它们还没接近蜂房的时候，浓浓的蜂蜜味道已让它们垂涎三尺。原来在养蜂场上有很多装着蜂蜜的瓶子，瓶子还没有盖好。黄蜂想：闯蜂房有很大难度，去没有盖好的瓶子那里更容易得手。

于是，它们义无反顾地钻进瓶子里，结果马上被蜂蜜粘住，淹死了。原来它们中计了！

尼·巴甫洛娃

琴鸡上当了

秋天的时候，浆果会越来越少，以浆果为食的琴鸡们非常焦急，因为它们已经饿坏了。所以它们集结到一块儿召开会议、研究对策，有黑色的雄琴鸡，棕黄色的雌琴鸡和一些刚刚长大的年轻琴鸡等等。

它们成群结队地飞去浆果林。

到了目的地后，它们很快散落各处，用爪子在地上刨出一些小碎石子和细沙，将这些东西吞到胃里去，以便磨碎胃里的食物。还有一些琴鸡在啄食坚硬的红越橘。

忽然，一阵走在干枯落叶上发出的沙沙声传来，琴鸡们顿时变得安静起来。当沙沙声响起的时候，琴鸡们就警惕地抬起头，不再啄食。它们转动着脖子灵活地左顾右盼，似乎在寻找声音的来源。

北极犬支棱着两只耳朵向这边跑来，一闪而过。

琴鸡们吓得一阵哄乱，有飞上枝头的，也有躲到草里去的。

北极犬和琴鸡对峙起来，琴鸡不肯从树上下来，北极犬也不肯离去，谁也不肯退让。

琴鸡们心想：讨厌的北极犬，赶紧走吧！你走了，我就可以下去吃东西了……

突然一只琴鸡从树上掉下来，原来是被北极犬的主人开枪打死了。北极犬迅速叼起琴鸡向主人邀功去了。

琴鸡们赶紧拍打着翅膀，离开了猎人的视线。可是它们能在什么地方落下呢？下面会不会还有猎人？

后来，它们经过一片白桦树林，发现那里有三只琴鸡，它们觉得这里一定是个很安全的地方，不然这三只琴鸡也不可能在这待着一动不动啊！

于是，琴鸡们纷纷停下来，它们看着这三只全身漆黑、眼睛乌黑的新朋友，发现这三只琴鸡压根儿就不理它们，依旧一动不动。

似乎一切都很正常。

突然传来“砰！砰！”两声枪声，新来的两只琴鸡直接从枝头掉了下去！其他的琴鸡赶紧起飞，狼狈地逃走了，但那三只家伙仍然一动不动。

这样的场景不断地发生。一个持枪的人从隐蔽棚子里走出，捡起死琴鸡，爬上了旁边的白桦树。

原来那三只琴鸡实际上是假琴鸡，是人工制作的。这三只假琴鸡除了嘴巴和分叉的尾巴，其他的地方，全部都是假的，眼睛是黑色的玻璃珠子做的，其他的羽毛都是黑色绒布做成的。

猎人淡定地取下了假琴鸡。那些逃出生天的琴鸡们还惊魂未定，它们不知道丛林里到底哪里有隐藏的危险，哪里会有残忍的猎人，也永远不知道会遭到怎样的暗算……

开禁了，去打猎

起程

每年 10 月 15 日，报纸上都会登出告示，告诉大家可以猎兔了。今年也不例外。

跟往常一样，前来打猎的人很快就把车站给挤满了。有的猎人还带了一条或者多条猎犬。这些猎犬精神抖擞，一点都看不出夏天长满长毛的慵懒样。

猎犬们看上去高大结实。它们长着又直又长的腿，像狼一样的嘴巴，它们的毛色各不相同，有黑色、褐色、灰色、黄色，还有火红色；身上的斑纹也颜色各异，有褐色斑纹、黄色斑纹、红色斑纹，甚至还有夹杂着大片马鞍似的黑毛。

这群猎犬有雄有雌。它们的任务是根据野兽留下的痕迹来进行追踪，找到野兽的洞之后，将它们从洞里撵出来。它们一边追赶，一边大叫着，通知主人野兽的踪迹和走向。这样，猎人们就可以及时知道野兽的位置，并在追踪野兽时迎面开枪！

不过，更多的人是没有带狗的，因为在城市里养活这些猎犬是很困难的。我们就属于没有带狗的人群。

我们的想法是：先去找猎人塞索伊奇，然后在他那里围猎野兔。

我们一行 12 个人，占了三个包间，很多旅客面带惊讶地望着我们的一个伙伴，笑着小声地讨论着什么。

因为我们这个伙伴特别胖，足足有 150 公斤重，所以他走到哪里都是很吸引人的。这个胖子是一个非常好的枪手，在我们这一行人之中，他的枪法是最棒的，我们都比不过他的枪法。但是由于过度肥胖，医生建议他多运动。他为了让运动变得不再枯燥，这才决定跟我们一起出来打猎。

围猎前的准备工作

晚上，我们乘坐的火车终于到了森林车站。我们的朋友塞索伊奇在接到我们的通知之后，就早早地在车站里等我们了。今天晚上，我们一行 12 人要全部住到他家里。

第二天，天还是蒙蒙亮的时候，我们就兴致勃勃地出发了。塞索伊奇考虑得很周到，他让农场员帮助我们赶围猎物。在围猎刚开始的时候，他们为了给我们加油，全都站在森林的边缘地区用力地呐喊，响亮的呐喊声还能把藏在草丛里、灌木丛中的猎物赶出来。

我们采用抽签的形式决定每个人的位置。我把提前准备好的、写着编号的纸团放到帽子里，我们 12 个人来抓阄，并按照抓到的号数站到相应的位置。

森林外围站着呐喊欢呼的人。森林里的道路很宽阔，塞索伊奇看了我们的号码之后，安排每个人站到具体的位置。

我们那个特别胖的伙计是 7 号，我是 6 号，所以我们俩离得很近，只有大约 60 步的距离。我站好以后，塞索伊奇给大家讲了围猎的规矩：1. 不许猎杀禁猎的动物；2. 他发出信号之后，才能开枪；3. 必须沿着狙击线开枪；4. 在大家呐喊的时候不能开枪，以免误伤队友。

因为猎物不同，相邻两个猎手之间的距离也是不一样的。猎熊的时候，两个猎手之间的距离就比猎兔时的距离要大，大约有 150 步远。塞索伊奇站在狙击线上，他望着胖兄幽默地说："你看你的位置，不能总是往灌木丛里钻，那样开枪多不方便啊！兔子是喜欢朝下看的，你应该和灌木并排站着，将两条腿分开，这样兔子就会把你的腿误认为树墩。"

我们 12 个人都安排好后，塞索伊奇利索地跳上马背，朝着森林外那群呐喊助威的人奔过去，他需要把他们安排好。

由于离围猎开始的时间还早，我开始四下打量，观察周围环境。

我的前方是一大片树林，有白桦树、云杉、赤杨和白杨树。白桦树的叶子只剩下一半；在白桦树之间，夹杂着黑乎乎、毛茸茸的云杉；那边的赤杨和白杨已经掉光叶子了。在密林深处，躲藏着兔子和琴鸡，我相信它们一会儿肯定会跑出来。如果我的运气够好的话，也可能会遇到大松鸡这种林中巨禽，我想我肯定会一枪击中！

等待的时间总是过得太慢，我心里想：也不知道胖兄怎样了。我扭头向他望去，只见他不停地换脚站立，我想他肯定是因为听了塞索伊奇的话，希望能把腿叉开，看起来更像树墩一些吧……

时间一分一分地过去了，终于听到了一阵响亮的号角声，这号角声就是塞索伊奇催促围猎呐喊队员向我们发出的前进信号。

胖兄的胳膊特别粗，猎枪在他手里显得很奇怪，细细的，跟个手杖似的。不过，胖兄却站得稳稳的。

我心里很纳闷：胖兄这么早就抬起胳膊做准备，他的胳膊不会感到酸痛吗？

这时候，呐喊队员的呐喊声都还没有停呢。

很快，我们12个枪手围成的狙击线上传出了枪声：第一声、第二声、第三声。唯独我们这边静悄悄地，一点儿动静也没有。

这时候，胖兄也不甘示弱，他朝着琴鸡连开两枪，“砰砰”两声！遗憾的是一枪都没有击中，琴鸡慌慌张张地向远处飞去。

呐喊人的呼声和棍棒敲打树干的声音隐隐约约地传来，紧接着，敲锣声也传过来……声音越来越大，相信这么大的阵势很快就会引出来很多猎物。

哈哈！一只灰色的兔子从树后面蹿出来，从它的皮毛可以看出这是一只还没长大的兔子。

这只兔子归我啦！咦？这个家伙突然蹿向一边，朝着胖兄跑去……我急了：“胖兄，你干吗呢？你倒是动手呀！慢吞吞地跟个蜗牛似的。”

胖兄终于动了，可惜连开两枪都没有打中！真是遗憾！

戏剧性的事情发生了。侥幸逃命的兔子居然跑到了胖兄跟前，似乎把他的腿当作了树桩子，想要从中钻过去。只见胖兄慌慌张张地丢掉枪，赶紧夹紧两条腿……

我的天哪！居然有人想要用腿抓兔子！

灰兔顺利地逃走了，胖兄那硕大的身子扑通一声倒在地上。

真是笑死我了！我捂着肚子哈哈大笑，眼泪都流出来了。我迷迷糊糊地看见那只灰兔朝我窜过来，它是沿着狙击线跑的，所以我没有开枪。

胖兄慢慢腾腾地爬起来，跪坐在地上，手里拿着一撮毛。

我看了他手里的兔毛一眼，关切地问道：“你怎么样？没事吧？能站起来吗？”

“我没事。你看，我把兔子的尾巴夹下来了。如果我再快一点，我肯定能逮住那只兔子！”

好奇怪的一个人啊！

射击停止之后，呐喊的人都向胖兄走去。“叔叔，你一定是神父，对不对？”

“他肯定是神父，你看他的大肚子，那就是证据！”

“他的肚子那么大，难道是衣服里装满了野味吗？真是难以置信，世界上还有这么胖的人！”

哦！可怜的射击手！这真是让人难以置信。

这时，塞索伊奇过来了，他喊我们去田野那边，开始新的围猎。

于是，我们一大群人吵吵闹闹地从林中返回。我们后面跟着一辆大马车，装了满满的猎物。

胖兄实在是走不动了，你看他呼哧呼哧地喘着粗气。没办法，他只好爬到马车上去了。看到这个场景，大家哈哈大笑起来。

突然，一只大黑鸟从森林上空飞过，这只鸟很大，相当于两只琴鸡。

人们迅速拿起猎枪，顿时，枪声“砰砰砰”地响起来，此起彼伏。从急切的枪声中就可以感觉到人们迫不及待的心情。

大黑鸟迅速做出反应，它沿着道路飞，不偏不倚正好到了马车的上空。

坐在马车上的胖兄，顺手拿起自己那支看起来像手杖的枪，“砰”的一声，朝大黑鸟开枪了。

啪！黑鸟居然随着枪声落了下来！

怎么就那么巧，黑鸟恰好落在马车上，胖兄用壮实的胳膊捡起猎物，看向我们，脸上露出得意的笑。

所有猎人都觉得不好意思了，因为我们都在第一时间开枪了，只是……

猎人们被胖兄干脆利索的一枪彻底征服了，他们忘记了刚才怎样嘲笑胖兄用腿夹兔子，也忘记了在胖兄窘迫的时候，对他毫不掩饰的嘲弄。

本报特约通讯员

东西南北无线电呼叫

请大家注意

下面是彼得格勒《森林报》编辑部发出的报道。

请大家注意一下！请大家注意一下！今天是 9 月 22 号，秋分。我们将会继续通过无线电广播播报来自全国各地的新闻。

提醒森林、高原、草原和海洋，请务必要注意！

请你们在听到播报之后，说一说你们那边秋天的情况吧。

收到之后请尽快回复！收到之后请尽快回复！

雅马尔半岛苔原传来回电

我们这里是雅马尔半岛苔原，我给大家说一下这里的情况。夏天的时候，岩石上聚集了很多鸟儿，鸟儿们在岩石上欢快地唱歌，现在已经看不到鸟儿的影子了。雁、鸥、野鸭和乌鸦已经开始迁徙了。周围很安静，偶尔会传来雄鹿之间决斗的声音，你知道它们是怎样搏斗的吗？它们是用犄角进行搏斗的。

夏天马上就过去了，早晨的温度还是比较低，因为水都已经开始结冰了。汽车和捕鱼的帆船也都开走了。河里有几艘轮船，那是因为它们走得晚，很遗憾地被冻住了。远处，一辆破冰船正开过来，正在坚固的冰原上开辟一条航道。白天越来越短，夜晚越来越长，漆黑且寒冷，人们只能在船上度过这寒冷的夜晚了。

乌拉尔原始森林传来回电

我们这里很忙，每天都会有很多鸟儿从北方迁徙经过这里，然后在这里休息整顿。它们在这里吃东西，整理队伍，检查队员有没有伤亡，然后继续踏上征程。那些在本地居住的鸟儿也开始整理行装了，它们也要迁徙，飞往暖和的地方。

白桦、白杨和花楸树上的叶子也变得枯黄，随着寒风飘落下来。落叶松的松针从漂亮的金黄色变得粗糙。晚上，那些长着胡子的雄松鸡就飞到松枝上休息。雄松鸡全身乌黑，它们落到松枝上以后，就会在针叶间大吃一顿。快看，那穿梭在云杉林之间的黑黝黝的是什么动物？哦，原来是榛鸡！还有很多鸟类，有浅灰色的松雀、红脑袋的朱顶雀、角百灵和红色胸脯的雄灰雀等等。这些鸟儿都是从北方飞来的，它们觉得这里的环境很好，很满意，就在这里住下了。

田野里生机勃勃的景象早已不见了，取而代之的是一片萧条。有时候，空中会飞舞着细长的蜘蛛网。你还能看到三色堇在开放。桃叶卫矛掩藏在灌木丛中，挂着很多像小灯笼一样的红果子。

马铃薯的收获快要结束了，菜园里，还有一些卷心菜，马上也要收割完毕。菜窖里满满的都是菜，这个冬天是吃不完了。并且，我们还采到了很多杉松的坚果。

小动物们也在为过冬做准备，它们非常努力地采集、储藏粮食。水老鼠、长尾鼠和短尾野鼠采到了很多谷粒，不辞劳苦地搬到地窖里去。背上有黑条纹的金花鼠正撅着屁股拖动杉松的坚果，向树墩下行去。它们还偷来了葵花籽，将自己的仓库塞得满满当当的。小松鼠正在换毛，棕红色的毛逐渐换成了淡蓝色，你知道它们现在正忙着干什么吗？它们正在树上晒蘑菇呢。乌鸦也不甘落后，它们也抢着把坚果藏到树根下面，或者树洞里，冬天的时候，就不用为找不到食物而着急了。

黑熊呢？它在布置自己的新家。你瞧！它正在用云杉树的树皮做被褥呢！

所有的动物都在忙着为冬天做准备。

帕米尔高原传来回电

我们这里是帕米尔高原。因为帕米尔高原山脉雄伟高大，所以被人们赋予了“世界屋脊”的称号。

在这里，夏天和冬天共存。为什么这么说呢？因为在这里，山脚下是夏天，可是山顶却是冬天。

秋天到了，冬天从山顶走下来了，所有的生物也从山顶上往下移动。

夏天的时候，野山羊是住在悬崖峭壁上的，现在，它们也开始下山了。因为它们在峭壁上已经找不到食物了，峭壁上的植物已经被大雪覆盖了。

原本居住在牧场上的绵羊也在向山下转移。

胖胖的土拨鼠不见了，哪里去了？原来它们都躲到地下的洞里去了。它们早就在下面储藏好了食物，现在正美美地躺在洞里休息呢。

鹿也沿着山路走下去了。不怕冷的野猪躲在野杏树林里，无所事事地等待着冬天的降临。

山下的环境很好，美丽的溪谷中出现了很多从北方飞过来过冬的鸟，有角百灵、红背红尾鸲、草地鹀、山鹌……还有很多鸟正陆陆续续地向这里飞来，因为这里可以为它们提供足够的食物。

现在，秋雨总是会在不经意间下起来。随着秋雨的到来，冬天也不远了。你看，山顶上不是正在下雪吗？

田野里，棉花开得正好，人们正忙着摘棉花；果园里，各种新鲜水果挂满了枝头；山坡上，人们正在采摘胡桃。

可是，山顶上却到处是积雪，一点儿都不能通行了。

品读赏析

本章主要描写的是秋天，花草树木开始凋零，粮食蔬菜水果也成熟被收割，小动物们开始为冬天储存粮食，鸟儿们也开始向远方迁徙，这个季节是忧伤离别的季节。

秋季第二月

10月21日—11月20日

太阳进入天蝎宫

储藏冬粮月

名师导读

秋冬交接之际，这是一个告别的季节，树叶凋零，鸟儿们都已经迁徙，小动物们也都忙着准备过冬时需要的粮食。

一年：分为12个月的太阳乐章

10月，是收获的时候，也是落叶缤纷、满地泥泞的时候。

满天的落叶总是给人一种萧条的感觉，外面的天气可以分成以下几种：播种天、落叶天、破坏天、泥泞天、怒吼天、大雨天和扫叶天。

这是一个让人伤感的、告别的季节。树上残存着最后一些枯黄的叶子，在西风的撕扯下恋恋不舍地离开了妈妈的怀抱。秋雨淅淅沥沥地下个不停，篱笆上落着一只全身湿透的乌鸦，看上去很寂寞。它们是最后才离开的候鸟！春天的时候，最先飞来的是生活在北方的乌鸦；秋天的时候，乌鸦会和秃鼻乌鸦一起最后飞走。灰色乌鸦是来这里度夏的，所以它们早早地就飞去温暖的南方了，因为这时候南方才是温暖的。与此同时，一批生活在北方的灰色乌鸦飞来了。

叙述描写：乌鸦在秋雨中待在篱笆上舍不得离开，更生动地表达了告别之情。

秋天做的第一件事就是给森林换衣服，然后它会给河水降温，使其变得越来越凉。早晨的时候，池塘被一层薄冰所覆盖，水面上活动的动物越来越少了。荷花会把花茎藏起来，将根深深地扎到池塘底的泥里。小鱼游到一些还没结冰的深坑里；蝾螈在水中泡了整整一个夏天了，现在它爬到陆地上，去寻找过冬的地方。

水面上已经完全被冰封了。

叙述

从侧面说明了天气非常的冷。

一些生活在陆地上的冷血动物都快要被冻死了，再也看不到昆虫、老鼠和蜘蛛等，很多动物都已经进入了冬眠状态。蛤蟆钻进烂泥堆里，蜥蜴藏到大树脱落的树皮里去了……为了过冬，动物们各显神通：有的穿上了厚实的皮袄，有的在小窝里储藏了充足的食物……就算是大家准备妥当，如果藏身的地方不够严密的话，还是会在寒冷的冬天被冻僵的。

做好过冬的准备

冷空气还没有完全占据整个森林，河水和大地还没有上冻。这个时候，寒潮会来得特别快。不久之后，整个大地将会被冰全部封住，所以人们还不能太大意。当寒风在大地上肆虐的时候，寒冷的冬天就正式到了。

场面描写

冬天到了，森林里的动物们都在按照自己的方式为过冬准备着，描写出了忙碌的氛围。

森林里，所有的动物都在为过冬筹备着，它们有自己与众不同的方法来度过寒冷的冬天。有的选择了迁徙，趁着天还未冷，就早早地飞去了南方。那些不转移的，都在忙着准备过冬所需要的东西，或将窝收拾暖和，或将食物储藏到仓库里，以备冬天食用。

短尾鼠是这些动物里面最勤劳的，它们不畏寒冷，早早地就在柴草垛和粮食堆下面挖了通道，这些通道四通八达，像迷宫一样，方便随时偷运粮食。迷宫里的道路纵横交错，每一条道路都有一个洞口，它的卧室和仓库就藏在洞的最下面。

野鼠的时间充足，而且很早就为过冬做准备工作，甚至有一些野鼠早就在洞里面藏好了四五公斤的精选谷粒。所以，哪怕是找不到食物的冬天，它们也可以安然度过。

对于这些小啮齿动物，我们要严加防范，因为它们专门祸害庄稼和粮库。

被雪覆盖着的植物们

冬天快到了，多年生的草本植物和树木全都为入冬做好了准备。

很多一年生的草本植物早早地将种子撒下，还有一些早早地就发芽了，过冬的时候，已经不再是种子的形态了。一些翻过土的菜园子里，已经有杂草偷偷地钻出来。黑色的土地光秃秃的，长着一簇簇锯齿状扁叶的荠菜；紫红色的、毛茸茸的野芝麻，看起来和荨麻长得有些相似；还有讨人喜的三色堇、洋甘菊和犁头菜；以及让人不喜欢的繁缕。

这些幼苗已经做好了万全的准备，它们会在雪下面睡整整一个冬天，然后在春姑娘的呼唤声中醒来。

树木也不例外，它们也为过冬做好了准备工作。

尼·巴甫洛娃

为入冬做准备

椴树长着很多枝桠，矗立在茫茫的雪地里，远远望去，就像红棕色的斑点洒在了洁白的布上似的，非常显眼。你一定以为那红色的斑点是变红的叶子吧，其实不对。椴树长长短短的枝丫挂满了带翅膀的小坚果，那是坚果上的小翅膀变红了。

椴树打扮得这么美，旁边的梣树也不甘示弱。你看，树上挂满了像豆荚一样的翅果，这些果子又细又长，紧紧地抱成一团，挂在梣树的身上。

最漂亮的要数山梨树了，它身上挂满了沉甸甸的、一串串的浆果，这些浆果直到现在还保留着，小檗枝上也有呢。

秋天到了，桃叶卫矛也把自己装扮得分外妖娆，从远处望去，就像长着黄色花蕊的玫瑰花一样，让人挪不开眼睛。

寒冷的冬天马上就要来临了，一些乔木动作有些慢，它们还没来得及传宗接代呢。

快看那白桦树！树上还挂着一些风干了的花序，带翅膀的种子在其中若隐若现。赤杨树和白桦树已经做好了准备，它们已经长出了花序，只要春姑娘一来，它们马上就会展开花序、张开鳞片，花蕾随之而出。

榛子树每根树枝两侧都有两对柔荑花序，这花序看起来比较粗糙，呈暗红色。不过，这个时候的榛子树上早已经没有榛子了，它们早早地将后代安排好，为过冬做好了准备。

尼·巴甫洛娃

松鼠晒蘑菇

松鼠的窝是圆形的，建在树枝上，里面还有一个仓库。仓库里装着一些小坚果和球果，这都是松鼠勤勤恳恳地从林子里收集来的。

除此之外，松鼠还采摘了很多蘑菇。它们会把蘑菇用树枝串起来，在天气晴朗的时候，就把蘑菇拿到阳光下晒干。它们把干蘑菇储存起来，到了冬天，就可以坐在枝头悠闲自在地吃了。

姬蜂的活体储藏室

姬蜂有一双敏锐的眼睛，眼睛上面，有一对卷曲的触角。它有非常纤细的腰，将胸部和腹部清晰地分开。它那细长挺直的尾刺长在尾巴尖上，看起来跟我们见到的绣花针没什么两样。

在冬天快要到的时候，昆虫们都在忙着储存粮食、筑巢，可是姬蜂却悠闲地在林子里飞来飞去。其实，它并不是在玩耍，而是在给自己的宝宝寻找过冬的地方呢。

姬蜂给宝宝们寻找的过冬的地方其实就是一条肥胖的虫子，这虫子是蝴蝶的幼虫。当姬蜂遇到幼虫的时候，就把细长的尾刺扎进幼虫的身体，那幼虫在一阵疼痛过后，就被彻底麻醉了，一动不动地躺在那里。姬蜂使劲儿在虫子身上钻出一个小洞，然后把卵产到里面。

产卵之后，姬蜂就飞走了。蝴蝶幼虫在麻醉药效过去之后，会继续生活，压根就不知道发生了什么事情。到了秋天，蝴蝶的幼虫结了茧，变成蛹。

姬蜂的宝宝趁此机会在蛹体内发育。姬蜂宝宝出生之后，就一直在安全温暖的虫茧里面生活，你知道它的食物是什么吗？就是那条胖胖的虫蛹。

时间过得很快，夏天到了。茧打开了，从里面飞出来的是有着黑红黄三种颜色的、身材苗条的姬蜂。

你知道吗？姬蜂是人类的朋友，是益虫，是很多害虫的天敌，所以我们一定要好好保护它们。

本身就是储藏室

姬蜂为了繁衍后代，专门寻找蝴蝶幼虫作为宝宝们的储藏室。并不是所有的动物都会像它这样刻意去寻找储藏室。为什么呢？因为一些动物本身就是储藏室，它们会把冬天所需要的食物，全部储藏在自己的身体里。

从夏末秋初开始，它们就开始尽可能地多吃，身体会变得肥肥大大、胖乎乎的，身体里长出了厚厚的脂肪。这些脂肪就是它们过冬所需要的“粮食”，它们的储藏室就这样建好了。

你知道有哪些动物把自己的身体当作储藏室吗？有蝙蝠、獾、熊以及一些野兽。

它们会在食物丰富的秋天，将自己的身体吃得圆滚滚的，然后就冬眠了。

它们身体里的那层厚厚的脂肪就是它们过冬所需要的食物。当你看到圆滚滚的动物时，你是不是觉得它们很懒惰、很馋嘴呢？其实它们这么做不是因为懒惰和贪吃，而是为了生活下去。它们冬眠会从一入冬开始，持续到第二年春天。在它们冬眠的时候，脂肪就是身体的养分，透过肠壁，渗透到血液，再通过血液将养分输送到全身。这样，动物就不会因为饥饿和寒冷而死去了。脂肪的燃烧可以让它们感到温暖，获得足够的能量，避免冬天寒气的侵袭。

林中纪事

小偷居然被偷了

长耳鸮很喜欢偷东西，在森林里算得上是最狡猾的动物了。但是，居然有小偷到长耳鸮家里去偷东西，这真是让人震惊啊！

雕鸮和长耳鸮名字相像，外形也很相似，但雕鸮的个头要大一些。雕鸮的头上有竖立的羽毛，它的嘴巴像钩子，眼睛又圆又亮，就算是在朦胧的月色下，它也能清楚地看到远处的东西。

长耳鸮能够迅速地捕捉猎物。当老鼠在草堆里稍稍出点动静的时候，它就迅速地扑下来，精确无误地抓住老鼠。被长耳鸮当作猎物的还有兔子。当兔子从林中跑过的时候，也逃脱不掉这个黑夜大盗锋利的魔爪。

长耳鸮白天的时候待在洞里看护自己的猎物，晚上出去狩猎，所以，它就是一个名副其实的夜猫子。长耳鸮是非常小心的动物，因为它就算是出去狩猎的时候，也会不定时地回去查看食物。

这几天，长耳鸮打猎回来之后，发现自己储存好的食物少了很多。它不确定到底少了多少，但是树洞眼看就要见底了，所以它非常确定自己的猎物被偷了。

夜幕降临，长耳鸮照样去打猎。当它回到家里的时候，发现昨天打的老鼠没了。树洞底下，有一只长得像老鼠的、灰色的小家伙！

这肯定就是偷东西的小偷！长耳鸮火冒三丈，它真想将这个可恶的小偷抓住，狠狠地教训它一顿。但是还没等它出手，小偷就叼着老鼠消失了。

长耳鸮紧随其后，眼看就要追上了，但是它却果断地放弃了。为什么？因为它发现那是以凶狠残暴而闻名动物界的伶鼬，所以它只好放弃了。

伶鼬个头小，是一种机灵且凶猛的动物，擅长打劫，所以长耳鸮在面对它的时候，只好乖乖地投降，万一被伶鼬咬住胸部，就没有丝毫活命的机会了。

夏天回来了吗

这段时间，天气变化不定。有时候，寒风刺骨冻死人；有时候暖和、宁静，给人一种夏天回来的感觉。

在金灿灿的蒲公英和樱草花当中，一个可爱的小脑袋探了出来。美丽的蝴蝶在宁静的空中翩翩起舞；蚊子成群结队地在空中盘旋，如同一阵阵轻烟；不知从什么地方飞来一只小巧玲珑的鹪鹩，翘着尾巴站在枝头，动情地唱着婉转的歌！

柳莺还没有飞往南方，它在高大的云杉树上一展歌喉，就像雨点落在水面上，拨动着人们心底那根弦，使人心中不由得荡起阵阵哀伤。

眼前的这一切，仿佛回到了夏天，使你根本发现不了冬天的气息。

青蛙和小鱼

寒冷的冬天，整个池塘以及池塘中的居民都被冰封了。当然也有天气好的时候，温暖的阳光融化了池塘表面的冰层，集体农庄的人们就趁着这个机会把池塘整理一下。池塘的底部有很多淤泥，人们就把淤泥挖出来，放到空地晾晒。

阳光很强烈，淤泥被晒得冒出了一团团的蒸汽。一个泥球从淤泥里猛然蹿出来，不停地翻滚着。

只见这个小泥团突然“活”了，从里边伸出一条腿，在地上用力地扑腾着，接着只听到“扑通”一声，那个小泥团就跳到水中去了。很快地，就有好多小泥团一个个地出现，又跳回水中去。一些小泥团居然还长着小尾巴！这些长着小尾巴的小泥团跳到池塘边上，蹦蹦跳跳地跑走了。

真奇怪啊！这些小泥团究竟是什么呢？

原来这些小泥团是小鲫鱼和青蛙，只不过它们的全身都裹满了烂泥，所以变成了小泥团。

原来，它们正在池塘底的淤泥中美美地休息，却被不知情的人们把它们和淤泥一块挖出来了，这才出现小泥团争先恐后跳动的现象。它们还要再去找个“安乐窝”过冬呢！再也不能出现今天这种被打扰的情况了！这简直是太可恶了！

那些小鲫鱼回到池塘里去了，青蛙们却默契地共同朝着打麦场那边的一个池塘跳去，那个池塘比这个更大、更深一些。在温暖的阳光下，青蛙大部队朝着大池塘浩浩荡荡地跳过去了。

天气变化就像小孩子变脸一样快，温暖的阳光突然就变成乌云密布，寒风呼啸。这些小家伙身上的泥团已经掉了，赤裸在寒风中，冻得瑟瑟发抖。天啊！太冷了，赶紧跳跳取暖吧！可是这根本就没有多大作用。很快地，青蛙的身体就变得僵硬了。

在跳到那个大池塘之前，所有的小青蛙都被冻死了。

长着红胸脯的小鸟

这件事情发生在夏天。一天，我在树林里散步，耳边传来了窸窸窣窣的声音。我心里害怕，以为是有什么危险，等心神稳定下以后，我四下张望，终于发现了事情的真相。原来是一只小鸟被青草绊住了爪子，正在那里挣扎。这只小鸟体形娇小，可爱的样子让人在看到它的时候就情不自禁地喜欢上了它。小鸟身上的羽毛大多是灰色的，只有胸脯上的颜色不同，是鲜艳的红色。

我赶紧走过去，将它的爪子从青草中拿出来，把它捧在手里，开开心心地回家去了。

一进门，我就直奔厨房，拿了点面包屑喂它，它飞快地吃了，然后就欢蹦乱跳起来。我知道鸟喜欢吃虫子，就专门去捉虫子给它吃，还专门为它制作了一个漂亮的鸟笼。小鸟很喜欢它的新家，在我家开心地住了一个秋天。

可是，这只小鸟还是出事了。有一天，我出去玩了，忘记把鸟笼子关紧，这只可爱的小鸟被我家的小猫给吃掉了。

这只小鸟是我最喜欢的。它被猫吃掉以后，我特别难过，大哭了一场。我把小猫抓过来，给了它一个让它终生难忘的教训，但是，我最爱的小鸟却再也回不来了。

驻森林通讯员　格·奥斯塔宁

厉害的小松鼠

夏天和秋天是松鼠们忙碌的季节，因为它们要在这个时候为冬天做准备。它们会在这个时候采集很多可口的粮食储藏起来，等到冬天没有食物的时候，就可以美美地享受了。

我仔细观察过一只小松鼠采集食物的过程。我看到它从一棵云杉上摘下果子，用力地拖向自己的洞里。我偷偷地站在一边，看着它将果子拖到洞里去，我赶紧在这棵树上做了一个记号，然后才悄悄地离开。

后来，我和朋友一起砍掉了这棵做了记号的树，将松鼠从树洞里套出来，我还在它的洞里找到了很多球果。这个松鼠真厉害呀！居然藏了这么多的食物！它的牙齿很锋利，我们在捕捉它的时候，一个伙伴的手指头就被它咬伤了。

我们把松鼠带回家，养在一个笼子里。我为它准备了很多云杉果子。我还通过查资料得知它最喜欢吃的是榛子和胡桃，我就很留意这些，如果遇到了就一定给它留起来。

驻森林通讯员　斯米尔诺夫

想念你，我的小鸭子

夏天的时候，一件奇怪的事发生了。我家的吐绶鸡在孵宝宝的时候，居然孵出了三只鸭子。你说奇怪不奇怪？

这是怎么回事呢？原来是妈妈在搞事情。她在吐绶鸡孵蛋以前，偷偷地在吐绶鸡身下放了三个鸭蛋。

经过吐绶鸡 21 天的孵化，一群小鸡和三只小鸭子出生了。刚刚出生的小家伙们身体非常虚弱，我将这些小家伙放到暖和的地方去。当天气晴朗，阳光温暖的时候，我们就让吐绶鸡妈妈带着小家伙们到外面去玩儿，顺便也长长见识。

我家附近有一条小水渠，吐绶鸡妈妈带着小家伙们走近水渠的时候，小鸭子们摇摇摆摆地走到水里，欢快地在水中玩要。吐绶鸡妈妈以为它们掉进水里去了，急得在岸上走来走去，还大声地叫着。小鸭子们只知道自己开心地玩，却忽略了吐绶鸡妈妈的担心。不过，吐绶鸡妈妈很快就发现它们没什么事，于是就放心地带着小鸡宝宝们离开了。

可能是水渠的水有点凉吧，小鸭子们从水中出来之后，浑身发抖，“嘎嘎”地叫着寻找暖和的地方。可是它们找不到取暖的地方，看上去真的好可怜啊！我赶紧把它们拿起来，捧在手心。我马上找了一块干毛巾给它们擦身体，再把它们放到屋里。小鸭子们很快就暖和了，它们安安静静地依偎在我的脚边。

从那之后，每当天气晴朗，我就带着三只小鸭子去水渠，让它们到水中自由地玩要。小鸭子很聪明，当它们觉得冷了，就赶紧出来往家里跑。因为它们的羽毛还没有长齐，小小的身子连台阶都上不去，只能拼命地“嘎嘎”乱叫。听到小鸭子的叫声，妈妈就赶紧出去把它们捉上台阶，它们一进屋就朝我跑过来。如果我正在睡觉的话，它们就一直在我的床边“嘎嘎”地叫。后来妈妈干脆把它们放到我的床上，它们就叫着挤进我的被窝里，和我一起呼呼大睡起来。

九月到了，假期结束了，我就要去上学了。小鸭子们也长大了，每次我去上学的时候，小鸭子们就会跟着我走好长的路，它们伤心地叫着，肯定是舍不得我。那时候，我的眼睛也会变得模糊，感动和难过一起涌上心头。小鸭子，我好想念你们呀！

驻森林通讯员　维拉·米海耶娃

神奇的星鸦

我们这儿有一个很大的森林，森林里有一种乌鸦叫星鸦。与通常见到的乌鸦比起来，星鸦的个头要略小一些，羽毛上有星星点点的斑点，像极了夜幕上眨眼睛的星星，也许它的名字就是这样得来的吧。

为了过冬，星鸦总是会在树洞里或者树根下储藏松子等东西。

当寒冷的冬天来临的时候，星鸦就从这个森林飞到另外一个森林，从这个草原飞到另外一个草原，到处寻找其他同类储藏的粮食。

星鸦很奇怪，因为它们从来不吃自己储藏的粮食，而是去寻找其他同类储藏的松子。它们飞到别人的地盘，寻找别人储藏的干粮，除此之外，它们什么都不干。它们在搜寻的时候，很细心，很认真，不放过任何一个“储藏室”。

藏在树洞里的坚果是最容易找到的。当大雪覆盖了大地，藏在树根下和灌木丛中的坚果根本就看不到，按理说应该很难找才对。但让人难以理解的是：星鸦能迅速判断并准确无误地找到这些食物。可是它们为什么能准确地找到藏在下面的食物呢？人们很想知道它们到底是怎样找出那些松子的。我想这可能需要一个巧妙的实验，才能揭开这个谜吧。

“胆子鬼”白兔

一眼望去，森林里到处是萧瑟的景象，树上光秃秃的。灌木丛中，一只可爱的小兔子正趴在地上，它努力想要降低自己的存在感，两只眼睛充满了慌张，它在害怕什么呀？

这是一只全身雪白的兔子，一根杂毛都看不到。远处传来一阵窸窣的声音。哎呀！难道是老鹰飞过来了吗？或者是狐狸跑过，踩在落叶上发出的声音？不会是猎人来了吧？小兔子在那里瑟瑟发抖。我真希望现在能下一场大雪，整个世界都是白色的，小兔子就安全了。可是现在，森林是五彩斑斓的，因为这里的落叶有好几种颜色，有红色、黄色和棕色等。

如果过来的是一个猎人，那这只小兔子可怎么办？

它能逃出猎人的手掌心吗？毕竟这里到处都是枯叶，只要踩上去，就会发出“沙沙沙”的响声。说不定，胆小的兔子会被自己吓到呢。

小白兔一动不动地趴在灌木丛下，它小心翼翼地，似乎呼吸都轻了不少。那两只大大的眼睛咕噜噜地四处张望，可是那个发出“沙沙沙”声的家伙到底是谁呢？

绿色的生命丰碑

这时节是最适合植树的。

植树造林不但能够让人享受到劳动的快乐，而且能营造出大片树林，既能保持水土，也能净化空气，是一件利国利民的好事。对于这项有意义的活动，不管是大人还是孩子，都充满了热情。

孩子们把还在睡眠中的小树苗小心翼翼地挖出来，栽到新的地方，给它浇水，细心地呵护着。小树苗很快就苏醒了，它们欢快地成长着。小树那嫩绿的叶子给孩子们带来了喜悦和欢乐。孩子们看着自己亲手种下的小树，心里总会升起一种自豪感，对于他们来说，每一棵小树都是一座绿色的生命丰碑。

孩子们的想象力是无限丰富的，他们把小树苗种到学校四周，甚至是菜园和花园的边缘地方，使它们成为一排天然篱笆。小树栽得很紧密，沙尘和大雪都被挡住了。小鸟们来树上安家了，这里成了小鸟的乐园。鹡鸰、知更鸟和黄莺之类的鸣禽将巢筑在这些活篱笆上，安居乐业，幸福地生儿育女。它们还会替我们守护菜园和花园，吃掉害虫，让蔬菜和花儿茁壮地成长。清早或傍晚的时候，你还能听到它们在枝头欢快地歌唱。

后来，有少先队员去克里木，带回来一种列娃树种。春天的时候播种，等到它们长大，就自动成为活篱笆了。这种树很适合做篱笆，因为它们身上长满了尖刺，如果有人想要偷偷地潜入菜园或者花园，肯定会被硬刺扎伤。我们就在它的身上挂了一个牌子，上面用醒目的大字写着：请勿触摸。有这么厉害的保卫者，蔬菜和花朵还能长得不好吗？

农场要闻

好奇的公鸡

冬天到了，白天越来越短，夜晚越来越长。胜利农场的主人为了让鸡群能够多活动活动，就在养鸡场里挂了很多灯，照得养鸡场如同白昼。

鸡群很兴奋，它们跑过来，跑过去，有的扑到炉灰里；有的扑到沙堆里；还有的在津津有味地吃东西。这时候，一只活泼好动的大公鸡似乎发现了好玩的东西，它歪着头，死死地盯着一只电灯泡，好像在说：“你是谁？你是什么东西？你要是再低一点，我就使劲啄你了！”

灯光亮着，起到了日光的作用，鸡群精神抖擞，毛色也变得鲜亮了。

果树的新衣服

冬天到了，苹果树的枝干光秃秃的，一片叶子也没有了，里面可能还藏了很多害虫，也可能这光秃秃的枝干会长出绿色的苔藓。果农为了防止果树长害虫，会在树干上涂刷一层石灰水，这样还能起到防晒、防寒的作用。

果农给果树刷了石灰水，这新衣服整齐、洁白，让这些果树看上去非常干净、漂亮。

队长站在苹果树前面，摸着树枝幽默地说："我们要把这些果树打扮得漂漂亮亮的，还要带着它们去参加节日游行呢。"

采蘑菇的老奶奶

阿库丽娜老奶奶住在黎明农场，今年已经一百多岁了。我们《森林报》的通讯员去采访她，不巧的是，她没在家。

过了一段时间，老奶奶背着一个袋子回来了，袋子里装着满满的蘑菇。她乐呵呵地告诉我们："我老太婆这么大年纪了，眼睛也看不清了，那些长在森林角落的蘑菇我是找不到了。我采的这种蘑菇叫蜜环菌，它跟其他的蘑菇不一样，它们长在树墩底下，只要找到一个蜜环菌，就可以在附近找到一大片，所以很多老年人都喜欢到树墩底下去采这种蘑菇。"

城市新闻

搬新家

动物园里的动物们要搬家了。夏天的时候，天气炎热，它们都住在露天的居所。现在天气逐渐变冷，贴心的饲养员叔叔、阿姨会把它们带到暖和的屋子里面去过冬。在它们的新家里，周边会有很多暖和的火炉，屋子里就像春天一样温暖。

冬眠对于很多动物来说，是很好的过冬方法。但是冬眠的日子是非常无聊的，这让动物们感到有些漫长。现在，温度降低了好多，很多飞禽走兽都不愿意在户外活动了，毕竟天太冷了。

潜水健将野鸭

最近一段时间，形态各异、色彩斑斓的野鸭在涅瓦河上的施密特中尉桥上，彼得罗巴甫洛夫斯克要塞旁边等地方聚集得越来越多了。

这些野鸭中，有跟乌鸦一样黑的鸥海番鸭；有翅膀上有白色的斑点点缀的斑脸海番鸭；有长着火柴棒似的尾巴的五彩长尾鸭；还有穿着黑白外衣的鹊鸭。

都市的喧闹对于它们来说，早就习惯，见怪不怪了。

它们胆子很大，当人们靠近它们的时候，它们一点都不感到害怕，甚至在面对劈波斩浪的蒸汽拖轮的时候都不退缩。它们是潜水健将，一个猛子扎进水里，立刻就到了几十米远的地方。每年的春天和秋天，它们都会到彼得格勒来，直到拉多亚湖中的浮冰漂到涅瓦河里的时候才会飞走。

鳗鱼的死亡之路

秋姑娘随着风悄然而至。田里的庄稼丰收了；树叶变了颜色，开始掉落了；候鸟已经开始迁徙了；河水变得越来越凉了。

老鳗鱼一辈子都生活在这里，现在也不得不踏上最后的旅程。它们的出发地是涅瓦河，途经芬兰湾、波罗的海和北海，目的地是大西洋的深海。

它们在这里生活了一辈子，现在要走了，以后将不会再回来，这就意味着这次迁徙是它们与这里的永别。

它们到达大西洋的深海之后，就会在海中产下数以万计的卵。深海的温度大约是7℃，它们将会在这里留下自己的后代，然后悄无声息地死去。

海水的温度正好，鱼卵会慢慢地孵化。刚刚孵化出来的小鳗鱼是透明的，它们成群结队，沿着当初妈妈游过的路线，踏上了回归的路，它们的目的地是涅瓦河口。这个旅途需要整整三年才能完成。

它们将会在那里快乐地生活、成长，慢慢地变成和妈妈一样的大鳗鱼。

品读赏析

本章主要写的是秋天向冬天过渡的一段时间里的深林在这段时间里，树叶凋零，鸟儿都已经飞走了，留下的小动物们都按照自己的方式忙着过冬。有的在家里储存粮食，有的活体储存，有的自身携带储藏室。这个时候，大家都在为冬天做着准备。

秋季第三月
11月21日—12月20日
太阳进入人马宫

冬客临门月

名师导读

冬天到了，到处都被白雪覆盖了，很多动物都在冬眠了，只有少数动物还在外面活动寻找食物，森林一片安静。让我们具体去看看这段时间里有些什么有趣的事吧。

一年：分为12个月的太阳乐章

11月比较特殊，因为这个月的前半月是秋天，后半月是冬天。

11月的时候，如果你想要出门，迎接你的是被一道道烂泥和一道道白雪占据的路面，走在路上就像骑在斑马上似的。这时候，整个俄罗斯的池塘和湖泊全部被冰封，天气寒冷，手都伸不出来了。

比喻
把有车辙的烂泥路面比作斑马，非常形象贴切。

秋天给河水带上了枷锁，随后将会是漫天白雪，将大地变成冰雪世界。河水已经结冰，亮闪闪的。不过这层冰并不怎么厚，如果你不小心踩到了，可能就会随着“咔嚓”一声掉进冰冷的水里。

读书笔记

现在还不到极致寒冷的冬天，这一切不过是冬天的前奏而已。偶尔，天空会阴沉着脸，几天后又露出了笑脸。黑色的蚊子做着最后的挣扎，从树根下歪歪斜斜地飞出来；几朵蒲公英和款冬花迎着寒风晃动，尽情地绽放自己的美丽，那小小的花朵里是不屈服的、坚强的生命力；雪开始融化了，树木开始陷入沉睡……

伐木的季节到了。

林中纪事

坚强的小草

森林里很安静，既没有了春天的勃勃生机，也没有了夏天的热闹，寒冷的冬天一步步地走来了。

刚才，在雪堆的下面，我看到了很多一年生草本植物。这些植物春天发芽，秋天枯萎。这时候，它们还没有完全枯萎。11月的大地，还有许多草依然是绿的。你看！农村的屋前屋后，还长着顽强的雀稗。它细长的叶子间开着不起眼的粉红花朵，叶茎杂乱地交错着。

细节描写

通过对雀稗的叶子、小花朵、叶茎的详细描写，写雀稗长势非常好，说明它有着顽强的生命力。

荨麻是一种让人讨厌的植物，因为夏天的时候，它总是长着尖刺，会将人的手指扎破，火烧火燎地疼。在这万物凋零的时候，荨麻却还坚强地活着，让人眼前一亮，心里不由得欣喜。

还有一种在菜园里经常见到的小草，开着淡粉色小花，名字叫蓝堇。它的叶子向外微微张开，看起来别有一番韵味。

让我觉得不可思议的是，这些一年生的草本植物，秋天的时候枯萎，现在冷了，却依然顽强地活着，这是为什么呢？真是让人想不明白。

提出问题

引起读者好奇，给读者留下想象空间。

尼·巴甫洛娃

森林里的勃勃生机

森林里，秋风狂舞，光秃秃的树干在风中瑟瑟发抖。林间偶尔可以看到几只还没来得及飞走的候鸟，它们正准备离开这里，飞到暖和的地方去。

冬天到了，一些度夏的鸟还在这里，难道它们是不走了吗？

不同种类的鸟，生活方式和习惯也不相同。有的鸟会飞到意大利、埃及、印度、高加索等地方去；有的选择留在彼得格勒，因为这里的冬天并不是太寒冷，还可以找到食物，它们依旧可以过上温饱的生活。

这里，依然焕发着勃勃生机。

会飞的花朵

赤杨树长在沼泽里，黑色的树枝上一片叶子都没有，就像一个孤独的老人站在那里。树下，一层枯萎的青草。灰色的乌云终于淡去了，太阳总算冒出来了，无精打采地瞥了一眼大地。黑色的沼泽地上突然出现了许多颜色鲜艳的花儿，有绿色的、红色的、金黄色的，还有白色的，光彩夺目，大得出奇。忽然一阵风吹来，这些五颜六色的花儿飞了起来，有的落在地上，有的落在树枝上，有的还在空中飘荡。你听，它们之间还彼此打招呼呢。这些花儿从这里飞向那里，从地面飞到空中，从这片树林飞到另外一片树林。没有人知道它们究竟是怎么来的，也不知道它们要去哪里……

有客从北方来

我们这里来了很多尊贵的客人，这些客人来自北方，样子各不相同。有朱顶雀、太平鸟、松雀、交嘴鸟等。朱顶雀的胸脯和脑袋都是红色的；太平鸟是烟灰色的，它的翅膀上长着鲜艳的红纸条一般的羽毛，形状跟人的手指相似；松雀是深红色的；雄交嘴鸟是红色的，雌交嘴鸟的颜色恰好相反，是绿色的；灰雀体态圆润，羽毛颜色鲜红，它总是喜欢抢太平鸟的东西。生活在本地的黄雀、金翅雀和灰雀，已经没有了影子，早就飞到温暖的南方去了。

这些北方来的客人喜欢吃的食物也不一样。朱顶雀和黄雀口味相同，喜欢吃白桦树和赤杨的籽，太平鸟和灰雀喜欢吃浆果和山梨。无论怎样，这里的食物足以让它们安全地度过寒冷的冬天。

东方来贵客了

树上突然出现了一群白色的鸟，就像小精灵一样在灌木丛中自由地游玩。它们长着又细又长的黑钩子似的爪子，这里抓一下，那里抓一下。那曼妙的身姿如同白色的花朵在空中飘舞，发出轻微的声响。

这些可爱的小精灵就是山雀。

它们来自遥远的西伯利亚。这时候，西伯利亚早已经被白雪覆盖，变成了白色的世界。这些山雀就飞过乌拉尔山脉，到我们这里来过冬。

快去睡觉吧

大地上一片阴冷，乌云将太阳遮挡得严严实实，一点儿阳光也没有，就连空气中的雪花都是湿漉漉的。

这时候，一只獾子从远处一瘸一拐地走过来。这只獾子胖嘟嘟的，看起来很生气，喘着粗气走向自己的洞穴。空气简直糟糕透了，似乎只要用力一拧就能拧出水来。它现在只想回到自己的家里，在清洁的床上美美地睡一觉。

森林中传来了吵闹声，原来是两只小噪鸦在打架。你看它们的羽毛，本来蓬蓬松松的，很漂亮，现在都变成湿漉漉的了，好丑哦！

不远处，一只乌鸦发现了一具野兽的尸体，兴奋地呱呱叫起来。那对于它来说，简直就是天下美味！它急匆匆地扇动翅膀俯冲过去。

森林里很安静。洁白的雪花洋洋洒洒地飘落，白了树林，白了黄褐色的土地，也白了腐烂的落叶。渐渐地，雪花变成了鹅毛般，给大地穿上了洁白的衣裳。彼得格勒的伏尔霍夫河、斯维尔河以及涅瓦河都被冻住了。

最后一次飞行

（摘自少年自然科学研究者的日记）

11 月马上就要过去了，厚厚的雪覆盖了大地。突然，天气变暖和了，厚厚的雪开始融化。

清晨，我们在路上散步，发现到处都是小黑蚊子。这些小黑蚊子成群结队，到处乱飞。蚊子最多的地方是灌木丛和树林的小路上。它们无精打采的，似乎被风推着一般，缓慢地从丛林中升起来，然后在空中画出一个抛物线的痕迹，摔到雪里去了。

中午是一天中温度最高的时候，在阳光照射下，雪慢慢融化。当你走在林间的小路上，一不小心，就会有融化的雪掉在你的脸上，或者是手上，凉凉的感觉让人很舒爽。一群小苍蝇也缓缓地飞出，贴着地面低飞，似乎很开心的样子。

天渐渐地黑了，秋风带着凉意吹来，那些黑乎乎的小蚊子和小苍蝇不见了，也不知道它们躲到什么地方去了，也许这是它们今年最后一次飞行吧。

驻森林通讯员　维利卡

不速之客

在我们这片森林里，闯进来一群“黑夜强盗”。它们就是来自北极的居民——

北极雪鸮，可能是因为它们生活在北极吧，它们的毛跟积雪一样白。白天，有白雪映衬，人们很难将它们跟白雪区分开来，即便是在晚上，人们也很难看清楚它们。

雪鸮的个头虽然跟猫头鹰差不多，但是它的力气比猫头鹰可差远了。所以它的猎物也只是一些小动物，比如鸟、老鼠、松鼠和兔子。

雪鸮的故乡是常年寒冷的北极，那里是极致寒冷的地方。到了冬天，动物们就在洞里冬眠，一动不动的，鸟就要迁徙到暖和的地方去过冬。

雪鸮过冬的地方就是我们这里，到了第二年春天，它们就会和亲人一起返回自己的故乡——北极。

松鼠与貂的较量

北方的那片松树林很奇怪，为什么这么说呢？因为这片松林很少结松果。小松鼠在别的地方找不到果实了，不得不搬到这里来。本来它们是住在北方的，但是今年那边的食物不够吃，它们就不能在那里度过寒冷的冬天了。

松鼠喜欢坐在树枝上，紧紧地抓住树枝，捧着松果细嚼慢咽。

一天，有一只小松鼠来摘松果。它在树上跳来跳去，忽然，到手的一只松果掉了下去，小松鼠一看，这还了得，松果可是来得不容易呢！一定要把松果拿回来！它机警地望了望四周，觉得没有危险，这才飞快地溜下去，捡起掉在地上的那只松果。

就在这时，貂悄悄地露出了身影。那锐利的目光一下子就锁定了正在捡松果的松鼠。于是，一场松鼠和貂之间的战争爆发了。

松鼠敏锐地觉察到了情况不对，迅速地向树上爬去。貂不甘示弱，也迅速爬上树干。松鼠身材小巧，飞快地跳到另外一棵大树上去了。

貂紧追不舍。只见它将细细的身体缩成一团，背弯成弓的形状，奋力一跃，也跳到了那棵大树上。

松鼠很灵活，蓬松的大尾巴将身体的平衡发挥到最佳程度。不过，貂的动作比松鼠只快不慢。这时候，松鼠到达了树顶，前方已经没有树了。哦！天哪！前方无路可走了。可是后边的貂却一直紧咬着不放，松鼠只好跳到了一根树枝上。

怎么办？怎么办？后面是敌人，前方已无路，下面是坚硬的地面。

拼了！松鼠跳到地上，想要逃到另外一棵树上。只是，它还没来得及跳上另外一棵树，貂一扑而上，只听松鼠发出一声痛苦的尖叫，它失去了性命。

啄木鸟吃球果

我们家的菜园后面，有一片小树林，虽然面积不大，但是树种很多，有白杨树、白桦树，还有一棵云杉树。云杉树长得很高大，上面还挂着几颗球果。

天气这么冷，小昆虫们都藏到暖和的地方去了。可怜的啄木鸟没有找到任何食物，只好来吃云杉的球果。

你知道啄木鸟是怎么工作的吗？它飞到树枝上以后，先将球果用细长的嘴巴啄下来，叼着果实沿着树干跳动，忽然它发现了前面有一个缝隙，它把球果放到缝隙里之后，尖尖的嘴才开始用力啄食。只听“啪”的一声，里边儿的果仁露出来了，啄木鸟吃掉果仁之后，就将球果丢掉，继续去采了。就这样周而复始地重复着，一颗、两颗、三颗……天还没完全黑，云杉树上就一个球果都没了。

驻森林通讯员　勒·库博列尔

农场生活

今年，在大家共同努力下，农场获得了大丰收。我们这里的农产品产量都很高，每公顷1500公斤的劳动成果是常见的，还有的能够达到2000公斤以上。政府为了表扬在生产上有卓越贡献的人，专门设立了“劳动英雄”的奖项。

农场里，人们基本上每时每刻都在忙碌着。白天的工作已经快要结束了，男人在给牲口运饲料，女人在忙着给牛添加饲料。一些人家养着猎犬，他们就带着猎犬去打猎了。还有一些人闲不住，去森林里采伐树木了。

农家小院里，飞进来一群群的灰山鹑。

这时候，孩子们已经开学了。白天，他们利用空闲时间布好鸟网，等放学回来就可以收获了。有时候，孩子们会跑到小山丘上滑雪。到了晚上，他们就静下心，认认真真地完成老师留的作业。

谁更聪明

冬天，天寒地冻，食物短缺，兔子和老鼠就盯上了果园里的小树苗。一场大雪，将这个世界粉妆玉砌，我们发现雪地下居然有一条地道，可以直达我们的苗圃，这是老鼠们挖的。

人们为了保护树苗，想出了各种各样的方法。人们把小树苗周围的雪踩实，使它像一块铁板一样，老鼠就没办法钻到树苗跟前去了。可笑的是有些笨老鼠，居然会跑到雪地里，结果，被活活冻死了。

小兔子看起来非常可爱，可是它们也有让人头疼的时候。它们有时候也钻过篱笆，跑到树苗跟前啃食树皮。人们为了防止兔子的破坏，就用云杉树枝和稻草给小树苗穿上了厚厚的棉衣。

季马·博罗多夫

农场要闻

果树的新衣

苹果树上挂着一个小房子，在微风中不断地左右摇摆。这个小房子很简陋，只有一张纸那么厚，没有任何设备可以取暖。但这样简陋的小房子，也足以让住在里面的小主人安全过冬了。

这样简陋的房子居然能保护主人安全度过寒冷的冬天？这简直就是不可思议的事情。但是，在果园里有很多这样的小房子。小房子的主人是苹果粉蝶的幼虫。这是一种害虫，建筑材料是地上的枯叶，人们看到这种小房子的时候就会立刻把它毁掉。如果没有把这些害虫除掉的话，第二年春天，这些害虫长大，足以毁掉整棵苹果树的嫩芽和花朵。

不过，既然森林里有害虫，那当然也会存在它们的克星。

人们为了保护果树，防止“小偷”啃坏树苗，就在树干上包裹上一层云杉的树枝。这样，一旦有小动物来啃树苗，它们就会被扎伤。

昨天晚上，当人们睡得正香甜的时候，光明农场的果园里，一只兔子偷偷溜了进去。它望着小苹果树，哈喇子都流下来了，于是它扑上去就咬，结果嘴巴被扎了一下。它不死心，又咬了几口，每次都被扎。最后，它放弃了，耷拉着脑袋离开了。

被关在笼子里的狐狸

红旗农场的位置在郊区，农场主还建了一个养兽场。人们就去那里看动物。养兽厂的空地上围着很多人，走近一看才知道，原来这里放着好几个笼子，笼子里养着几只棕色的狐狸。一些小孩子跟着妈妈来看动物，看到那边很热闹，就拉着妈妈一起过去看。

笼子里的狐狸有些焦躁不安，从它们的眼睛中流露出一丝怀疑和恐惧。热情的人们让它们害怕，它们不知道这些人为什么要围着自己七嘴八舌地议论。不过却有一只小狐狸与众不同，它若无其事地伸了伸懒腰，表现得很淡定。

这时候，一个孩子的声音传来：“妈妈，以后千万别把狐狸围在脖子上，它可是会咬人的呢！”

温室里的蔬菜

农场里一片忙碌的景象，人们正在将小葱和小芹菜的根区分开来。

生产队队长有个小孙女，小丫头扎着两个小辫，长得很可爱。她好奇地问爷爷：“爷爷，拣这些菜根干什么？是要喂小动物吗？”

“乖！咱们将这些菜根分开，不是为了喂小动物，而是要把它们种到温室里去的。”

“种到温室里面是为了让它们长种子吗？”

“不是的，孩子。冬天，人们没有新鲜的绿色蔬菜吃，如果将这些菜根种在温室里，人们就能在冬天吃上绿色蔬菜了。当人们做菜、做汤的时候，可以撒上一点新鲜的葱花，放一些美味的芹菜了。”

树莓盖雪被

米克是一个九年级的学生，他绰号叫“犟嘴傻大个儿”。上周六的时候，他到曙光农场来，队长费多谢伊奇和他谈了话。

米克故意做出一副什么都懂的样子，他问道：“爷爷，树莓这样露在外面，下雪的时候不会被冻死吗？”

“没事，树莓不怕冻。”费多谢伊奇笑着回答道，“如果下大雪了，它既不会被大雪压死，也不会被冻死。它们会在雪底下平平安安地度过冬天。”

“爷爷，你在开什么玩笑，树莓被压在雪底下，还能安然度过冬天？能下那么大的雪吗？毕竟这些树莓比我可高太多了。”

爷爷笑着说：“傻孩子，你盖被子的时候难道是站着盖吗？”

“不是，我当然是躺着的。”

“你是躺着盖被子，我的树莓也可以躺着盖雪被啊，是不是？你是自己躺到床上的，我的树莓是要绑起来的。只有这样，才能让树莓弯腰，乖乖地躺到地上睡觉啊！”

米克恍然大悟，羞赧地笑了笑，说道：“呵呵，原来是这样啊，你太聪明了！”

尼·巴甫洛娃

能干的小帮手

小孩子虽然岁数小，个子小，但是你可不要因为这个而小看他们哦。他们完全可以成为你得力的帮手呢！他们干活的时候，非常积极，他们可以帮你挑选种子，可以帮你把菜窖里的马铃薯搬上来，挑选出最好的马铃薯，留到明年种。

还有很多男孩子可以到更多的地方去帮忙，比如说马厩、牛栏、猪圈或者养兔场。

就是这些可爱的孩子，一边上学，一边帮大人做一些力所能及的事情。他们是值得表扬的。

少先队大队长　尼古拉·利瓦诺夫

城市新闻

乌鸦和寒鸦

涅瓦河已经结冰了，在阳光下闪闪发光，像一条银色的绸缎。一群乌鸦和寒鸦从华西里岛那边出发，途经千山万水，来到了这里，落在施密特中尉桥下的冰面上。

它们展开了激烈地谈判。一会儿，它们似乎达成了某种协议，这些鸟儿分成几队，陆陆续续地回到了华西里岛上的花园里，选择自己喜欢的地方度过漫长的夜晚。

侦察兵

在城市的果园和公园里，有很多灌木和乔木。最近来了一批狡猾的敌人，所以人们对这些植物看护得格外仔细。这些敌人身材特别小，根本就发现不了它们，没有办法，园丁只好向一些专业的侦察兵寻求帮助。

侦察兵的队长是以“森林医生”著称的啄木鸟。你看它多威风啊，带着红帽子，穿着鲜艳的五彩衣。它那又细又长的嘴巴就像医生的“听诊器”，在树皮上这敲敲，那敲敲，仔细地为树木做全面检查。

它后面有好多侦察兵，你看，有胖山雀，它的头上好像插了一根短钉；有凤头山雀，它的脑袋上戴了一顶高高的帽子；有浅褐色的旋木雀，它的嘴巴特别尖，像锥子一样；还有被称为“蓝大胆”的鸸，它穿天蓝色的制服，嘴巴像短剑一样锋利。

侦察兵们分工明确。队长啄木鸟用它的“听诊器”诊断出病症之后，就用坚硬的嘴巴将里面的蛀虫啄出来。旋木雀用它那小锥子似的嘴巴不停地对着树干戳；青山雀围着树干转圈；鸸“小利剑”一样的嘴巴也不甘示弱，发现害虫以后，就飞快地把它们灭掉。就这样，山雀们给树木进行了全面的诊治，不管害虫藏到哪里，都逃不过它们锐利的目光和灵巧的嘴巴。

拿着斧头打猎去

猎人打小皮毛兽的时候，经常用斧头，有时候也会用枪，因为小皮毛兽非常凶猛。

猎人最常猎捕的对象是灰鼠、黄鼬、白鼬、银鼠、水貂和水獭。灰鼠喜欢藏在树上，黄鼬等喜欢藏在洞里。但是，无论它们藏得多么隐蔽，北极犬都能把它们找出来。北极犬嗅觉灵敏，打猎的时候，它的责任是寻找猎物，把猎物从洞里撵出来，抓住猎物则是猎人的事情了。

那些凶猛的小兽经常把家安在树根下、地底下，或者乱石堆里。当北极犬发现了它们的窝，猎人就会用各种工具驱赶它们，比如探针、铁棍或其他细长的工具。猎人还会搬开石头，或者用大斧头把树根劈开，将它们从洞中撵出来。如果这些方法都没有将猎物逼出来的话，猎人就会采用烟熏的方法了。

猎物的洞挖得很复杂，在洞里比较安全，只要它从洞里出来，就得面对端着枪的猎人，或者是守在洞口的北极犬，结果将是必死无疑。

品读赏析

本章主要写刚进入冬天时的景象，整个森林变得越来越安静了，花草树木也枯萎了，只有少数还坚强地生长着。动物们觅食也越来越困难了，人们为生活在农场和城市的小动物们准备着粮食。

冬

冬季第一月

12 月 21 日 —1 月 20 日

太阳进入摩羯宫

白路初现月

名师导读

冬天，下着鹅毛般的大雪，覆盖了整个大地。让我们去看看冬天每个地方的小动物们都在干什么。

一年：分为 12 个月的太阳乐章

冬天的第一个月份就是 12 月，它既是冬天的开始，又是一年的尾巴。12 月是寒冷的，12 月的路变得坚硬，12 月的树木变得憔悴，12 月的冬天好像冻住了整个世界。

冬天到来的第一件事，就是冻住了河流，阻碍了它的前进；冬天到来的第二件事，就是把白天变短了，夜晚变长了。冬天一到，连太阳都不愿意出来了，森林和田野也被大雪掩盖了。

在森林里的积雪下，隐藏着各种各样的动植物。植物们都有自己的成长计划，一年 365 天，先开花、后结果，最终化作春泥。还有那些只有一年寿命的无脊椎动物，它们在这个世界上完成使命之后，也会化为泥土。

如果你以为这样就是它们的最终结局的话，那么你就错了。它们的离去正说明了新生命的开始。动植物们是伟大的，它们在离去之前，已经留下了种子，产下了卵。它们会秉承大自然的法则，用自己的方式度过寒冷的冬天，等待万物复苏的春天。虽然冬天的寒风还在肆虐，但是 12 月 23 日——太阳的诞辰也快要到了。

当太阳重新升起，温暖的阳光洒满森林的时候，新生命就要破土而出了。

不管怎样，我们一定要安全地度过这寒冷的冬天。

冬天的留念

大片大片的雪花从空中悄悄地飘下来，紧密又细腻。大地母亲好像穿上了一件白色的衣裙。从远处眺望，田野和草地仿佛刚刚晾干的白纸一样，纯洁无瑕，神圣而不可侵犯。在这样的美景中，经过的人们都想留下这样的纪念：“××× 曾经来过”。

比喻

描写了雪后的田野和林间还没有被人踩踏时的情景。

又是一场鹅毛大雪降临。夜晚，大雪终于停下了前进的步伐。这张刚刚诞生的纸张仿佛被清水洗过的一样，变得焕然一新。

不同的脚印

大自然中有那么多动物，你有没有发现哪些动物的脚印是相似的呢？如果你留心观察的话，就会发现狐狸和小狗的脚印形状是差不多的。但仔细比较的话，还是可以从中找到一些细微的差别，比如狐狸总是喜欢把脚趾紧紧地并在一起然后缩起来，而小狗的脚印就比较轻一点儿了，因为小狗喜欢把脚趾分开，虽然这样会让别人感到不踏实。

读书笔记

狼和狗的脚印也有相似之处。它们的不同点在于狼的脚印相比之下略长，而且狼的脚趾是从外侧向里收紧的。也恰好是因为脚爪和脚掌上的肉，所以狼在雪地上留下的痕迹比较深。还有一点不同，那就是狗的步子比狼的步子略小，狗的前爪印和后爪印也比狼的小，而且狼在雪地中留下的脚印可以明显地看出脚趾是并在一起的，而狗的脚印只有脚爪下的爪肉是并在一起的。

其实，这些都只是最浅显的知识。

狼和狐狸都是很狡猾的动物，它们总是会打乱自己的脚印。所以，想要正确地辨认出它们的脚印是一件很难的事情。

“隐身”的草场

从远处看去，一览无余的大地上，只有洁白的雪，雪下得很大，堆积在一起。突然想起因为冬天的到来而凋落的花朵、枯黄的草，心中不免有些凄凉。

或许，我们已经见过了太多这样的更替，所以已经有了接受一切的心理准备，还默默地跟自己说：“大自然的定律，我们也无能为力。”

其实，我们对大自然了解得还太少。

今天天气很好，我享受着太阳的爱抚，呼吸着新鲜的氧气，正想带着滑雪板去草场上玩儿，顺便把这一片的积雪处理一下。

处理后的草场上冒出了一些花草。贴着冰面的绿叶在阳光的温暖下，从枯黄的干草下又钻出了一些嫩叶。鹅毛大雪压垮了植物的茎，所以大家争着汲取太阳的能量，像顽皮的孩童一样。

看到这些，我不禁想到了曾经种过的一棵毛茛。记得以前快到冬天的时候，毛茛还是枝繁叶茂，可如今它已经被大雪盖住了，但是它还是很完整地生存了下来，花朵和花蕾都没有受到伤害，就连花瓣都还很完整。或许，它是在等待春天吧——等待一个重新盛开的季节。

你们无法想象我在这里种了多少植物，大约有62种，现在依然翠绿的有36种，如今还绽放着的有5种。

你们是不是觉得正月里的草场不会有那样生机勃勃的花草的呢？

尼·巴甫洛娃

林中纪事

森林里的通讯员根据“雪痕”记下了一些事情。

天真的小狐狸

森林中的一只小狐狸在一块空地上看见了几行“小字”，可能是田鼠写的吧。

它很开心，心里想着：“哼哼，终于找到食物了！”

它看了一眼就断定：肯定是田鼠来过，它的脚印一直延续到灌木丛下。它并没有仔细地低下头去“读一读”，更没有认真地想过到底是谁曾经经过这里。

它很谨慎地往灌木丛中走去。

突然，灌木丛中有个长着灰色皮毛，还有一条尾巴的小东西在动。狐狸已经没有耐心再等了，猛地上前扑过去咬住了它——嘎吱！

这是什么东西？真臭！狐狸刚咬了一口，就觉得不对劲，呸！呸！呸！马上就把它从嘴里吐了出来，然后跑出去吃了几口雪——想要用雪来清理口中的味道。真的太臭了！

就这样，小狐狸不仅没有填饱肚子，还咬死了一只小动物。

其实，这个小东西是鼩鼱，并不是狐狸认为的田鼠。虽然看起来挺像的，但是仔细观察还是有一些不同的。比如，鼩鼱的嘴比田鼠的嘴略长。还有一点不同的是，鼩鼱的背是弓着的。鼠、刺猬都是鼩鼱的近亲，它们同属于食虫的动物。鼩鼱会发出一种特殊的味道——就像麝香做成前的酸臭味。所以，一般知道这种气味的动物都不会去接触它。

令人害怕的脚印

在一棵大树下，我们的通讯员发现了一串可怕的脚印。脚印看上去不大，像狐狸的脚印。可是这个爪印又长又直，好像锋利的钉子。若是不小心在肚子上划一道，肯定肠子都会流出来。

通讯员们小心翼翼地顺着这行脚印走下去。它们在脚印的尽头看见了一个很大的洞口，走到洞口前，还看见了一些散落在地上的毛发。

通讯员们认真地研究着这些毛发：这些毛发都很直、很硬，还很有弹性；毛发是白色的，但尖端却是黑色的。这样的颜色不禁让通讯员们想到了中国的毛笔，用这样的毛发来制作毛笔再合适不过了。

根据经验，通讯员们认为这应该是獾的毛发。这种动物有些孤僻，但是并不会吓到别人。或许，它只是想趁着今天暖和出去转转。

雷鸟的家

看！那边的沼泽地上有一只活蹦乱跳的小兔子。这只小兔子在两个草墩之间快乐地玩耍着。它正玩得起兴时，突然扑通一声掉进了雪堆里，连耳朵都埋住了。

被埋在雪里的兔子感觉脚下好像有些动静。刹那间，无数的雷鸟噼里啪啦地拍打着翅膀。一阵嗡嗡的声音之后，雷鸟们纷纷从积雪中飞了出来，小兔子被这样的场景吓得拔腿就往森林里跑。

我们直到现在才明白过来，一到冬天，雷鸟就会在积雪下面安家。白天的时候，它们就从积雪里出去觅食，或者在外面溜一圈。它们喜欢在田野里刨食蔓越橘吃，吃饱了就回到雪里。

雷鸟们把雪底当成自己的家，因为这里既安全又温暖，更重要的一个原因就是猛兽们很难发现它们的踪迹。

幸运的母鹿

冬天的雪地上总是会有各种各样的脚印，仿佛记载着各种各样神秘的故事，这也考验着我们辨别是非的能力。有时候，通讯员们会盯着一处印迹思考半天，绞尽脑汁也想不到刚才到底发生了什么。

眼前是一行动物的脚印，虽然看起来很窄小，却整齐踏实。这样的脚印是最容易看出端倪的：这应该是一只母鹿在享受午后的散步，悠闲的午后让它处于放松的状态，连危险来临都没有察觉。

继续往下看，有很多比它大的脚印在它的旁边出现了。这个时候，母鹿的脚印变得有些凌乱了。

这也不难看出：这只独自在外的母鹿被狼盯上了，狼向母鹿扑过去。母鹿灵敏地避开了狼的进攻。

再往前走，母鹿的脚印和狼的脚印越来越近了——狼在努力地追赶，母鹿也很快被追上了。

地上有一棵倒了的大树，狼和母鹿的脚印在大树旁混在了一起。按照脚印的指示，狼追上母鹿的时候，母鹿直接跳过了树干，狼也紧跟着从后面跳了过去。

树干的旁边有一个大坑，坑里面堆满了雪，像里面埋着的炸弹爆炸了一样，周围一片混乱。

从这里开始，狼和母鹿的脚印就分开了。但是我们在这里又发现了另一个脚印，与它们的脚印相比略大，像人没有穿鞋经过时留下的，还有锋利的弯形爪印。

这里到底发生了什么？狼和母鹿为什么在这里就各奔东西了呢？为什么会有比它们还大的脚印呢？还有雪坑里为什么会埋着炸弹呢？

通讯员们聚精会神地想着这些问题。

最后，通讯员们终于理顺了思路，也想清楚了那些带着恐怖利爪的脚印是谁的了——事实真相马上就要浮出水面了。

真相应该是这样的：母鹿的长处就是它矫健的四条长腿，越过那棵倒了的树干简直就是小菜一碟，所以母鹿丝毫未停就直奔远方。狼跟在母鹿后面，可惜的是它没有成功——也许是因为体重的缘故。只听见“扑通”一声，狼就从树干上滑到了雪坑里。其实，这个雪坑是熊的暂居地，这个时间，它正在冬眠。

正在睡梦中的熊突然被不知哪来的野狼给惊醒了，慌乱地跳了起来。四周全是雪、树枝，好像身处在爆炸现场一般。熊还以为是猎人发现了它的踪迹，拔腿就往森林里跑。

突然看见这样雄壮的动物也吓得忙着往森林里窜，这个时候，狼一心想着逃命，哪里还在意母鹿去了何方！

母鹿便趁此机会逃走了。

大雪过后的森林

初冬，雪还比较少，这个时候的温度、天气对于那些在田野和森林居住的动物来说并不舒服。逐渐变厚的冻土层，逐渐荒芜的土地，就算在洞穴里待着也不暖和。鼹鼠的处境也并不乐观。尽管它的脚爪很锋利，但是想要挖出一块坚硬如石头的冻土也不是一件容易的事。鼹鼠都已经这样困苦了，更别说老鼠、田鼠、伶鼬、白鼬了，如此寒冷的天气，它们该怎么熬过去呢？

动物们期待已久的大雪终于来了。雪一直在下，地上的积雪越来越多，也许这个冬天都不会融化。大地一片银装素裹，沉醉在雪的王国里。踏进这里的人们，积雪也许只到他们膝盖的位置，但是对于那些瘦小的鸟类——花尾榛鸡、黑琴鸡、松鸡来说，它们已经被积雪埋住了头。而那些不冬眠的动物，比如田鼠、鼩鼱，都从洞里跑出来，尽情地在雪里奔跑、跳跃。凶猛的伶鼬就像一头缩小版的海豹，在雪的王国里自由穿梭。有时候，它们也会露出头来，看看周围有没有花尾榛鸡之类的猎物。如果有的话，它们就会悄悄地回到雪里，然后在雪下快速地钻到猎物面前捕食。

厚厚的雪就像棉被一样盖住了整个大地，挡住了外面的寒风，这样风就不会渗透到雪下面。所以，雪底会比雪面上的温度略高，就像到了房子里，可以放心、舒服地过冬了。

还有更加让人不可思议的事情：有的窠里竟然还冒着微微的热气。这是一对短尾巴田鼠用细草和绒毛在雪底的灌木枝上筑的一个小家。

此时，在雪底下的小家里，有几只刚刚出生的田鼠幼崽，还没有长出毛的身体滑溜溜的，眼睛也还没有睁开，外面的温度已经有零下 20 摄氏度了，气温低得让它们只打颤。

冬天的午后

正月的中午，阳光正好，树木都已被白雪覆盖，阳光温暖着大地，无声无息。一头熊正在洞穴里睡得正香。头顶上的乔木和灌木已经被大雪覆盖，树枝都被压弯了，形状各异的冰块冻在树杈上，好像各种形状的宫室尖顶房和塔形小屋，比如圆形拱顶、空中走廊、庭阶、窗户。无数的雪花在太阳的照耀下发出钻石般的光芒，让这里的一切看上去都是那样耀眼夺目。

猛然间，一个小东西撅着尾巴从地下冒了出来，原来这是一只有着尖尖的喙的小鸟儿。它发出了清亮迷人的叫声，拍打着翅膀，飞到了云杉的树顶，它那婉转的歌声透过了整片森林。

就在这时，一双冒着绿光，睡意惺忪的眼睛出现了——好像在偷看：春天已经来了吗？

原来，那是熊的眼睛。熊是一种非常聪慧的动物，它会在自己的房间里设计一个窗户，这样它就可以神不知鬼不觉地知道森林里的事情了。它四处张望了一下，没有被人发现——那双眼睛就又收回去了。

树枝上的小鸟练了一会儿嗓子，或许是唱累了，它又回到树桩里去了。那里是它的家，用苔藓和羽毛筑成的小窝，温暖又舒适。

冬天的农场

凛冽的冬天，树木都睡着了。以往热闹非凡的森林里，再也没听见过动物们的声音。它们的身体都被冻住了。

这时候的森林里，“咯吱咯吱”的锯子声震耳欲聋。现在正是工人们砍树的时候，这是因为冬天砍的树木质量会比其他季节的好，树木里的水分少，也结实。

工人们把砍下来的树移到水边，春天的时候，解冻了的河水就会把它们送到远方。所以，人们经常会往积雪上浇水，一条冰路就是这样修好的。

工人们在农场里忙着挑种子，照看幼苗，为了春天的农业生产作准备。

这样的季节让山鹑群无处觅食，经常要饿肚子。它们想要找到食物，就必须挖开厚厚的积雪，这对于弱小的山鹑群来说可不是一件容易的事，因为它们没有锋利的爪子。因此，它们会飞到村庄的打谷场，想要在雪里找点儿食物果腹。

人类捕捉灰山鹑是一件很简单的事，但这是不符合法律规定的。

冬天的时候，也有一些心地善良的猎人给它们喂食。猎人们在野地里给它们做了一个简易的小餐厅——用树枝做的餐厅，然后在里面放置一些食物，比如燕麦、大麦……

有了这些食物，就算是再冷的天气，那些可爱的灰山鹑也能喂饱自己。

第二年夏季，每个灰山鹑家里都迎来了 20 多只新的小灰山鹑。

尼·巴甫洛娃

农场要闻

耕雪奇闻

昨天，我去老同学米沙·戈尔申家里做客。他是一名拖拉机手，住在启明星农场里。他的妻子是个很好的人。

“米沙还在农场里忙着耕地呢！”他的妻子说。

我想：“连小孩子都知道，春天才耕地。她这是在应付我吧，未免应付得太勉强了。”然后，我笑着问她：“现在这个季节是在地里耕雪吗？”

他的妻子笑着回答说：“当然了，这个季节除了能耕雪还能耕什么啊？”

最后，我便去了农场想要试着找找他。当找到米沙的时候，我大吃一惊，他真的在耕雪！只见他开着拖拉机，后面还有一个长方形的箱子。箱子的功能就是把雪都聚集在一块儿，然后就形成了一堵雪墙。

我问他：“你这是在干什么啊？”

米沙回答说：“我想在这里堆一个雪墙，把风挡住，要不然大风就会把雪刮到地里去。如果没有雪，秋季里种的庄稼就会冻死，所以我才想出了这个办法。”

动物们的冬季作息表

冬天，农场里的动物休息、吃饭、散步都要按照规定的时间进行。

有一个名叫玛莎·斯米尔诺娃的小家伙跟我说：“我今年已经4岁了，在上幼儿园，和我同岁的动物们是不是也该上幼儿园了呢？它们是不是也会和我们一样出去玩儿？我们放学，它们也放学，是吗？”

铁路保护神

铁路两边种了一些云杉，一眼望去看不到尽头。我们把它们称为“绿色林带”。云杉就像国防兵一样保卫着铁路的安全。到了春天，工人们就会继续种植云杉，扩大“绿色林带”的面积。几年来，他们已经种了十万多棵的云杉、合欢、白杨。哦，还有大约三千棵的果树。

这些树苗都是工人们的心血，他们还特意建了一个苗圃来培养它们。

城市新闻

无声的旅行者

今天的阳光特别好，温度已经达到了零度。如果你仔细观察就会发现，花园里、路上、公园里有许多小苍蝇从积雪里爬了出来，但是它们现在还没有翅膀。

它们白天在雪地上打滚，晚上就会躲到避风的雪缝里。

它们平时就住在温暖、安全的树叶或者苔藓下面。

也许是因为它们体积太小，也没什么重量，所以雪地上没有留下它们的任何痕迹。

只有当人们拿着高倍数放大镜的时候才会看到，它们偶尔会伸出小小的舌头，头上长着犄角，腿上长着细小的绒毛。

候鸟的迁移

从我们这里出发的候鸟，它们的旅途是什么样子的呢？

国外的工作人员向《森林报》编辑部提供一些相关的信息。

在我们的森林里，有一位非常有名的歌手——夜莺，它每年都在非洲中部度过寒冷的冬天，而百灵鸟会居住在埃及。另外，有些鸟会飞往法国南部、意大利和英国。

人们都说："在家万事好，出门事事难。"这些候鸟们飞往陌生的国度过冬，每天只忙着觅食，没有时间唱歌，没有时间建巢，也没有时间孕育新生命。它们唯一能做的就是等待春天的到来，然后满心欢喜地飞回自己的家乡。

鸟儿过冬的"天堂"

一到冬天，鸟儿就会寻找温暖的地方过冬，埃及就是鸟儿们过冬的好去处。埃及的自然条件对于鸟儿们来说可谓"天堂"。埃及的尼罗河就像人类的血管，河水流过的地方留下厚厚的淤泥，这些淤泥也成了牧场和农田的肥料。埃及的气候类型属于地中海气候，温暖湿润，大大小小的淡水湖、咸水湾遍布埃及，就算有成千上万的鸟儿飞到埃及也能吃得饱。冬天的时候，远方的鸟儿会飞到这里，一到夏天，鸟儿更是一窝蜂地往这里钻。

在这里，鸟儿多得好像全世界的鸟儿都来了一样。

在尼罗河的支流上，密密麻麻地栖息着各种鸟儿，远远望去，看不到水面。鹈鹕的嘴巴下面连着一个大口袋，灰野鸭和小水鸭们在一起捉鱼吃呢！鹬鸟很开心地站在长脚鹤群里走来走去。可是，这里还有让鹬鸟恐惧的白尾金雕和非洲的乌雕，一旦它们来了，鹬鸟们就会立刻逃走。

这里的鸟儿不计其数，如果有人对着水面打一枪的话，那些鸟儿会怎么样呢？它们扇动翅膀的声音，就像同时打响几千面的大鼓一样震耳欲聋。一时间，鸟群遮住了整个天空，湖面就像被黑夜笼罩了一样。

我们的候鸟就是这样在"天堂"般的埃及度过冬天的。

鸟儿过冬的“第二天堂”

我国邻近也有一个不输于埃及的鸟儿“天堂”，那里也有很多从远方飞来的鸟儿。和埃及一样，在这里生活的鸟儿和水禽都想留下来过冬，在这里也能看见无数的鹈鹕和红鹤，不计其数的野鸭、大雁、鹬、鸥，还有走兽也都在这里生活。

这里也有可以喂饱鸟儿的食物。就算现在是万物凋零的冬天，这里也没有一点儿冬天的寒冷和凛冽。这里只有平静的湖水、蔚蓝的大海、遍布淤泥的浅海湾、美丽的草原，还有大片密集的芦苇和灌木丛。

夏天的时候，候鸟累了，就会飞到上面稍做休息，所以，那里是禁止猎人去的，大家又把那里称作“禁猎区”。

那个美丽的地方就在里海东南岸的阿塞拜疆共和国境内的林柯拉尼亚附近。

鸟儿们的“家庭地址”

几天前，南非发生了一件大事，整个国家都为之惊讶。在一群掉队的白鹤中，有一只白鹳的脚上被套上了一个白色金属环。

这只白鹳被抓到之后，人们就发现了白色金属环上的字迹：莫斯科，鸟类学研究委员会，A 组第 195 号。

不久，这则消息就登上了报纸，所以，我们的通讯员根据金属环上的字，就得知了鸟儿今年是在哪里过的冬。（参考《森林报》第七期，《来自森林的第四封电报》）。

这种给鸟套环的方法是科学家们为了知道鸟儿们的飞行路线和各种意外的情况准备的。

每个国家的鸟类研究机构为了获取鸟儿的飞行路线，都会做一些类似的圆环，然后在上面写上研究机构的名字，再根据环的型号分组和编号。如果戴着这种金属环的鸟儿被捉住或者死亡，人们就应该对着金属环上的信息，通知相应的研究机构，或者在报纸上发出这则消息。

狩 猎

捕猎的小红旗

在农场周围，经常会有一些绵羊和山羊被狼给捉走，可是农场没有猎人，于是人们只能去城里寻求帮助。

“您好！同志，我们需要您的帮助！”

两辆雪橇，上面有两根很粗的卷轴，用绳子缠得结结实实的，像驼峰一样中间高高鼓起。一面面小红旗规律地系在绳子上，两两相距半米。

分析狼的行动轨迹

猎人们知道狼的事情之后，就去雪地上寻找线索。他们身后还跟着那两辆雪橇，卷轴还在上面放着。他们顺着狼的足迹向前走去。

狼的脚印是一条直线，从村里走到庄稼地里，又从庄稼地里到了森林深处。有人说这个脚印应该是一只狼的，但一些经验丰富的猎手认为应该是一群狼的。经过一番仔细的考量后，他们认定这里之前有一群狼经过。

猎人们进入森林之后，经过反复确认，很快就找到了答案——这些脚印的确是五只狼的脚印，排在第一的脚印很窄，但是距离很大，有着斜状的抓槽——这些信息都能证实这是一只母狼的脚印。

最后，两组猎人坐上雪橇，围着森林转了一圈。

猎人们并没有发现狼出去的脚印，所以，这五只狼应该还在森林里，而他们要做的就是——马上围堵它们。

行动前的准备

分成两队的猎人踏着雪橇轻快地往农场里滑行，卷轴也随着他们的滑动慢慢地旋转，绳子随着卷轴的转动而转动。解开的绳子被人们系在了灌木、树干还有树桩上，小红旗迎风招展，距离地面大约有 35 厘米。

两队猎人拿着带有小红旗的绳子把森林围了起来，然后又去了农场集合。

猎人准备去休息了，走之前告诉队员们，明天天一亮就要起床。

饥饿的一家五口

晚上，森林里，一轮弯月挂在漆黑的夜幕中。月光照在云杉上显得枝叶越发稀疏了，隐隐地透着寒意。

森林深处，最先醒过来的是母狼。它刚睡醒就站了起来，之后，公狼和刚出生的三只小狼也起来了。也许是被饿醒的吧，醒来的三只小狼的肚子就一直在叫。

母狼对着月亮的方向畅快地叫了一声，接着公狼发出了一声浑厚的嗥叫，而那稚嫩又尖锐的叫声是它们的孩子们发出的。在月光的衬托下，它们一家是那样美满而又让人心生忌惮。

村子里的牛和羊等家畜听见这几声嗥叫，都从梦境中惊醒，发出恐惧的尖叫。

狼群从森林里向村庄出发了。最前面的是母狼，它的后面跟着公狼还有它们的孩子们。

公狼和小狼们在后面慢慢地跟着母狼走，而且很准确地把脚踩在母狼留下的脚印里，这样就可以伪装成只有一只狼经过的假象了。它们悄悄地向着村庄走去。

猛地，母狼突然停了下来。

后面的公狼和小狼们感觉到了母狼的惊慌。它睁着那双泛着绿光的眼睛，敏锐的嗅觉好像发现了什么。原来，森林周围的树和灌木丛不知道什么时候插上了很多小红旗，还有黑色的布。在这样微弱的光线下，它还是发现了。

这只母狼已经不年轻了，经历过的灾难肯定不少，这些都让它时刻保持着警惕，最重要的是它还有家人要保护。但是，这些东西它以前从来没有经历过，它唯一能肯定的是，人类在这里设下了陷阱。人类想要干什么？他们在哪里做了埋伏？

思前想后，它们还是决定回去！

于是，一家五口以最快的速度返回了森林。

但是，它们到森林另一边的出口时，又发现了同样的现象。于是它们停了下来。一家五口已经筋疲力尽了，肚子也一直在叫！

整个森林都被人类用黑布遮住了，它们走遍了森林的出口，都没有办法冲出去。

母狼没有办法了，身体也已经支撑不住了，于是它们回到了密林深处，躺了下来。

它们肯定对抗不了人类，也走不出猎人的埋伏，只能在森林里等着。

温度越来越低了，狼的肚子也一直叫着。

开始行动

那些狼看见森林边插着许多小红旗，便发觉不对劲，转头就往森林里跑。

叫喊声越来越大，木棒的声音也越来越让狼胆战心惊。从声音里就能听出来，应该是很多人都在往这边来。

狼开始拼命地奔跑，想要躲过这场灾难。

从农场那边传来的敲击声，惊醒了在森林深处睡觉的狼群。

敏感的母狼立刻站了起来，小狼们跟在公狼的后面，往农场的反方向跑去。

狼的尾巴顿时夹紧了，耳朵也竖了起来，背上的毛发也都竖立着，眼睛里透着凶狠的绿光。

这些狼到了树林边，看见了一面面小红旗，感到不对劲，转头就想赶紧往回逃。

木棒敲的声音越来越刺耳，吆喝声也越来越大，听得出来是很多人，他们让狼感到了恐惧。狼又开始拼命地往回跑，想逃离他们的围捕。

直到快出森林的时候，狼群才发现没有了小红旗，这下它们终于放下了心，认为这里已经脱离了猎人的追查范围。

它们怎么也想不到，这正是猎人们设下的埋伏，它们已经进入了猎人的陷阱。

就在这时，一阵尖锐的枪声打响了进攻的号令，灌木丛中也喷出了道道火弹。公狼机敏地跳起来，又重重地摔到地上。小狼们被吓得惊慌失措。

三只小狼被猎人精准的枪法射中，可是直到战斗结束，猎人们都没有看见那只母狼，也没有人知道它是怎样脱离猎人的包围的。

这件事情结束之后，村子里的家畜再也没有丢过。

本报特约通讯员

东西南北无线电呼叫

最后一次无线电通信活动!

亲爱的听众们，你们好！这里是彼得格勒《森林报》编辑部，欢迎你们的收听！

今天是12月22日，恰逢冬至。我们将会在今天进行最后一次无线电通信活动。

我们邀请了草原、森林、苔原、沙漠、高山和海洋来参加。

冬至这天，是一年中白天最短、夜晚最长的一天，现在请你们告诉我，你们那里现在是什么情况?

听到请回复!请回复!

北冰洋岛屿的回复

现在正是一年中最冷的时候，太阳已经下山了，或许是因为它也觉得太冷，想等到来年春天再出来，然后它就慢慢地消失在天际。

岛上的苔原和大洋的表面都是厚厚的积雪。

这么冷的天气还会有动物在这里生活吗？

别说，还真有。在北冰洋的冰层下面就生活着一群海豹。它们会在一些比较薄的冰层上打一些通气孔，以保证它们能正常地呼吸到空气。它们还会保持通气孔的正常疏通，每次冰层快要被封住的时候，它们就会用嘴巴再次撞开。有的时候，它们也会爬到冰面上休息一会儿。

就在这个时候，有一只公白熊在悄悄地游向冰面。公白熊和其他动物不同，它是不需要冬眠的，但是母白熊恰恰相反，她喜欢钻进冰冷的冰洞里冬眠。

另外，还有一种动物是短尾巴旅鼠。它们不仅居住在积雪下面，还会在积雪中挖出很多地道。因为积雪下面有很多草，它们就依靠这些草来填饱肚子。虽然雪底看似安全，但偶尔也会遭到北极狐的偷袭。

北极狐的鼻子特别灵敏，它喜欢捉苔原雷鸟吃。苔原雷鸟在地面上休息的时候，北极狐就会趁雷鸟没有防备的时候下毒手。

这里除了海豹、短尾巴旅鼠、北极狐、苔原雷鸟、白熊就没有其他鸟类和动物了。驯鹿已经算是很耐寒的动物了，但是，在冬天到来之前，它们还是会离开这里去往原始密林。

这里一个冬天都没有太阳，难道就一直是黑夜吗？那我们又怎样在这样漆黑的夜里视物呢？

月亮像一个盘子一样挂在天空，就算没有太阳的光芒，也总是有些光的。这里也时常会有一些美丽的北极光，光彩夺目，魅力四射。

这种极光既美丽又神秘。它不是只有一种颜色，而是很多颜色不停变换。有时就像费伍德彩带一样铺满整个天空，有时又像倾流直下的瀑布，有时还像高耸入云的宝剑刺破苍穹，就连地上的白雪也在极光的映照下也变得五颜六色，和极光遥相呼应。这个时候的天空亮得如同白昼。

有人打听："这里冷不冷啊？"这当然是绝对的，风雪交加，昼夜不停，冷意直透骨髓，就连房屋都会被这里的狂风暴雪卷走、压塌，经常会让人们出不了门。但是，我们的人民非常勇敢，更不会惧怕这些困难。

顿河草原的回复

草原的冬天很短暂，连河水都不会被冻住，所以这里的温度还没有到零下。就算这里下点儿小雪，也不会带来什么恶劣的影响。

北方的野鸭和秃鼻乌鸦来到这里就不想走了。因为我们这个小镇和城市有丰富的食物，足够它们一直生活到3月中旬，它们到那时再飞回故乡。

另外，还有一些远方的朋友也会来这里过冬，它们是从苔原过来的，有角百灵、铁爪鹀和白色雪鸮。雪鸮习惯白天出来找食物，因为在苔原是极昼时分，很少是黑夜。

冬天的时候，一望无际的草原被雪覆盖，农场里的工作可以停一下了。可是，我们的矿工不能休息，因为他们还要开着机器在矿井里挖煤，然后借助电力把煤送到地面上，最后再通过火车把它们运到全国的各个工厂里。

新西伯利亚森林的回复

新西伯利亚森林的冬季也是捕猎的时候，雪下得很厚，成群结队的猎手们都会带着轻巧的雪橇，踏着滑雪板，带着一些生活必需品和干粮，然后牵着猎犬在雪地里奔跑。它们都是经过专业训练的狩猎北极犬，总是竖着一对尖尖的耳朵，保持警惕，身后卷着一条粗壮的尾巴。

这个时候的森林，是动物们的游乐园，这里有很多稀少的动物，比如黑貂、猞猁猻、灰鼠、雪兔、驼鹿、白鼬。以前给沙皇做的皮袍就是用白鼬的毛皮做的，而现在都给小孩们做帽子了。哦，对了，还有鸡貂（好的毛笔就是用鸡貂的毛做成的），还有数不尽的红色火狐和棕黄色的玄狐，还有人们喜欢吃的榛鸡和松鸡。

熊开始了它们的冬眠之旅，躲进它们早已准备好的秘密洞穴里。

猎人们会在森林里忙碌几个月，他们会提前搭建好房子，这样就可以在森林里有个落脚休息的地方。这个冬天的白天很短，所以猎人们得抓紧时间，争取在黑夜到来之前做好埋伏，等待猎物自投罗网。而那些经过专业训练的猎犬则会利用它们自身优势，比如显微镜般的双眼、敏锐的鼻子，还有那对天线般的耳朵，为主人搜索猎物——松鸡、灰鼠、西伯利亚鼬，还有正在睡觉的熊。

围攻结束之后，他们会带着满满的收获，带着各种珍稀的动物，心满意足地回家。

高加索山区的回复

季节变化在我们高加索山区没有很明确的划分，因为在这里夏天的时候能看见冬天才有的现象，冬天也能看见夏天的痕迹。

高加索山区有两座海拔比较高的山，一座是卡兹别克山，另一座是厄尔布鲁士山。因为海拔太高，所以这里一直都有积雪。就算到了夏天温度最高的时候，山顶的雪也不会融化。等到了冬季，这里的座座青山就像一道坚固的山墙一样挡住了寒风和大雪，所以山的另一边一直都是鸟语花香、百花争艳的景象，让人心情舒畅。

冬天的时候，山顶上的羚羊、野山羊还有绵羊都会跑到山腰上，因为山腰比山顶上暖和得多。就算是暴风雪侵袭，山谷里面也会温暖如春。

前一阵子，我们从果园里选取了最好的橘子、橙子、柠檬等水果上交给了国家。在我们精心打理的花园里，成群结队的蜜蜂勤劳地采着花蜜，玫瑰花们娇艳欲滴。当温暖的阳光洒在山坡上的时候，我们就能看见那些含着绿色花蕊的雪莲花，还有嫩黄色的蒲公英都已经徐徐绽放了。这里的花朵一年四季都在绽放，这里的母鸡一年四季也都在下蛋。

冬天到来的时候，山顶上已经没有植物了，只有大雪和凛冽的寒风。但是我们这里的动物也用不着辛苦地跑到南方过冬，尝尽背井离乡的痛苦。它们只要从山顶跑到山腰或者山谷里，就能找到食物，不用像其他地方的动物一样忍受冬天的寒冷和饥饿。

高加索四季如春的天气吸引了很多来自北方的动物朋友们。我们也特地为它们准备了温暖的栖息地和丰盛的食物。

来这里过冬的鸟儿有苍头燕雀、椋鸟、百灵、野鸭、长嘴巴的丘鹬等。

今天正好是冬至——这一天是一年中白天最短、夜晚最长的时候。过了冬至，新年就快到了，那时候，阳光会比现在更温暖，晚上会有更多的星星。而最北边的北冰洋，人们连门都出不了，还要忍受寒风暴雪的摧残。和他们相比，我们这里简直就是天堂了吧。我们穿不着厚棉衣，只需要一些薄的单衣就可以了。这里的风景美不胜收，白天的时候，我们能看到远方群山连绵不断；到了晚上，仰头就能看见那皎洁的月光和满天繁星。当微风吹来时，夹杂着淡淡的海腥味，我们的脚下荡起了朵朵浪花。

品读赏析

本章主要写正式进入冬天后的景象，到处都被积雪覆盖，小动物们出来都会在雪地上留下各种各样的印记。大雪覆盖了草场、农场，大雪之下依旧存在着生命力。

冬季第二月

1月21日—2月20日

太阳进入水瓶宫

饥寒啼号月

名师导读

在寒冷的冬天，食物非常紧缺，小动物们觅食非常困难，看看小动物在寒冬是怎么渡过的吧。

一年：分为12个月的太阳乐章

1月——人们都说，1月是从冬天过渡到春天的开始，也是一年的初始，但在冬天中，它却是中间月份。

比喻：说明了白天时间变长很突然，让人来不及反应。

1月的天气尽管看起来阳光很好，但是温度还是很低的。元旦之后，白天的时间不知不觉间变长了——就像一只保持匀速的兔子突然蹦了一大步。

大雪遮住了整个大地、森林和冰面，所有的一切都变得洁白无瑕。整个世界好像都陷入了冬眠中，沉默无语。

1月也是个压抑的月份，万物都停留在了枯萎时的样子，没有了生命的气息。还好这种情况是短暂的，它们只是换了另一种生活状态。

被大雪覆盖的植物都已经变得干枯。大雪下面压着的花草让人觉得压抑凄凉。可事实上，它们是在为未来一年的成长和绽放养精蓄锐，隐藏着顽强的生命力。松树和云杉把它们的种子放在球果里握得死死的，好像放在手里死死地攥着一样，没有一点儿损耗。

而那些需要冬眠的动物都是一些冷血的动物，它们并不是停止呼吸了，而是睡着了。就算再脆弱的小螟蛾，也不会有事，它们会在冬眠之前给自己找一个隐秘的地方，防止冬眠期间敌人的袭击。

读书笔记

鸟类在冬天是不需要睡觉的，它们是热血动物。在冬天，还有一些像小老鼠一样的动物在忙碌着。冰冷的1月，被大雪覆盖的洞里，母熊正安安静静地睡着。不可思议的是，在这样的情况下，它还可以生下一窝健康的小熊。就算母熊在冬眠期间不吃饭、不喝水，也能有丰沛的奶水哺乳小熊崽儿们，这样的情况可以持续到初春。这真是一件神奇的事情！

林中纪事

被狂风侵袭的森林

狂风在森林里、田野间肆意玩耍，就连已经没有叶子的白桦林和山杨林都受到了它的攻击。尽管鸟儿们身上有很多羽毛，但也抵挡不住寒意侵袭它们的血液。

这个季节积雪随处可见，地上、树枝上都被大雪覆盖，鸟儿连站的地方都没有，它们的爪子被冻得青紫，全身都在瑟瑟发抖。它们只有不停地运动、拍打翅膀才能让自己的身体暖和一点儿，不至于被冻僵。

如果动物们可以在寒冷的冬天有个暖和、舒服的小窝或者洞穴，再有点儿食物的话，那就太幸福了。这样的生活实在太美好了。填饱肚子后，把身子一缩，倒头大睡一觉，天堂的生活也不过如此吧！

动作描写

写出了动物冬眠的惬意。

食物能带来温暖

如果能让动物们吃饱喝足的话，那么任何问题都可以迎刃而解。因为食物会让它们的身体产生热量，然后热量就会散发到全身，血液温度也会随之升高，热量会通过全身上下的血管把寒意驱逐。动物皮肤下的脂肪就好像我们人类大衣里面的厚衬一样，又有点儿像羽绒服里面的夹芯。就算寒气会进入羽毛，接触到皮毛，但也不会穿透它们厚厚的脂肪。

比喻

说明了动物脂肪的防寒作用。

在这么低的温度下，只要给动物们足够的食物，它们就不会担心生存的问题。可是，这么冷的天气，哪里还会有食物呢?

森林里的植物该枯萎的枯萎，该死亡的死亡，动物们能走的都走了，能躲的也已经躲起来了。可是狐狸和狼还执着地在森林里寻找食物。白天的时候，只有几只忙碌的乌鸦嘎嘎地叫着；到了晚上，只有雕鸮还在固执地寻找。它们都在为了食物而努力，可是还是什么都没有发现。

动物们越来越疲惫了，不仅是身体上的疲倦、饥饿，还有找不到食物的绝望和无奈。

被瓜分的马

森林里躺着一匹已经没有呼吸的马，被前来觅食的乌鸦看见了。

景物描写

描写了夜晚快要到来的美丽景色，为下文小动物依次来享受大餐做了环境渲染。

一群乌鸦在马的身边兴奋地叫着，准备过去分享这份美食。

尽管晚霞令人沉醉，但是太阳快要下山了，夜晚即将来临，月亮也要出来了。

忽然，森林里传来了一阵叹息。

“呜……呜呜……”

原来是乌鸦们看到了雕鸮正在往这边飞，它们一阵惊慌失措之后，狼狈地飞走了。

雕鸮看见那匹马死了之后，直接跳到它的身上，凶狠地啄起了它的肉。看见这么大一匹马都属于自己，雕鸮高兴得连羽毛都立了起来。正在它准备享用的时候，突然传来了一阵急促的脚步声，吓得雕鸮立刻飞上了树枝，仔细一看，竟然是一只狐狸跑到这里了。

读书笔记

狐狸看见这样的美味早已迫不及待了，可是刚吃了一点儿，狼又跑来了。

狐狸立刻躲进了附近的灌木丛里。狼过来看见了马，大口大口地咬着，发出呼噜呼噜的吞咽声。每过一会儿就警惕地抬起头来，牙齿咀嚼的声音越来越大，好像借此来警告其他动物：这是我的！然后，低下头继续吃。

过了一会儿，狼突然跑了，远处传来了一阵低吼声。

原来是熊来了，它可是这森林的霸主。

任谁也没胆子在它面前放肆。

熊吃饱之后就找了个舒服的地方睡觉去了，但是那只狼还在周围等着。

它看见熊一走，马上飞奔到了马的身边。

狼一走，狐狸又跑过去了。

等到狐狸走后，雕鸮又飞过去了。

雕鸮走后，终于轮到乌鸦享受了。

天刚刚亮的时候，这顿饭才终于被这些动物们瓜分干净，只剩了一点儿残渣。

嫩芽的生存方式

在冬天，不仅动物冬眠，植物也会“冬眠”，但是它们并不只是睡觉，它们还在筹划一件大事，那就是为来年春天积蓄营养，小心养育嫩芽。

那这些嫩芽是怎样度过寒冷的冬天的呢？

疑问

引出下文各种植物过冬的内容。

离地面一段距离的地方，都是树木的新芽，但是每种新芽过冬的方式都不一样。

例如，在枯草中过冬的是树林中的新芽。秋天的时候它的叶子就开始枯萎了，看起来好像已经没有了生命气息，但是，很神奇的是，一个冬天，它的新芽都是绿色的，又给人一种生机勃勃的样子。

积雪下面还覆盖着触须菊、卷耳、石蚕草和其他弱小的草儿，它们竭尽全力地守护着自己的嫩芽，把自己累积的所有养分全都输送给嫩芽，让它带着满满的生机等待春天的到来。

它们的嫩芽都距离地面不远，所以它们应该都是在地面上度过冬天的。

另外，还有一些小草也有它们独有的过冬方式。比如艾蒿、牵牛花、草藤、金梅草和紫金花，因为它们的茎跟叶子都已经腐烂了，地面上什么都没有了。

到这个时候，再想找它们的嫩芽，那就要好好地找一会儿了，而且要找到土里贴着地面的地方才会看到。

叙述

说明幼芽把自己保护得很好。

草莓、蒲公英、苜蓿、酸模、蓍草等，它们的幼芽被绿叶包裹得严严实实，它们的幼芽也是在地面上过冬。春天到来的时候，它们就如同破茧而出的蝴蝶一样。还有鹅掌草、铃兰、舞鹤草、柳穿鱼、狭叶柳叶菜和款冬等，它们把自己的嫩芽养在了茎里。不同的植物，嫩芽存在茎的位置也各不相同，比如紫堇的嫩芽长在小块茎上，野大蒜和野葱的小芽则是长在鳞茎上的。

大陆上的植物就是用这些独特的方式来保护自己的嫩芽安全地度过冬天的。而对于生活在水里的植物来说，它们保护嫩芽的方式则是把嫩芽放进池塘或者湖泊底部的淤泥里面。

尼·巴甫洛娃

被赶走的客人

在这寒冷的天气里，能生存下来的植物很少，所以动物们想要寻找食物充饥，就会去人群密集的地方。它们很聪明，知道这里有食物——我们的垃圾箱中总有它们喜欢的食物。

鸟儿们为了寻找食物，进入了人类的生活圈。以前不敢靠近人类的它们，现在为了果腹做出了妥协，这样看来食物的魔力还真大。

雪兔在人类的菜园子里乱窜，黑琴鸡和灰山鹑悄悄地飞进了打谷场和谷仓里，白鼬和伶鼬偷偷地跑进地窖里抓老鼠充饥。一天，《森林报》的通讯员在林中的小木屋里招待了一位特殊的客人——荏雀。它从外面直接飞进来，只见它一身耀眼的金黄色羽毛，两颊的白色绒毛还有胸脯上的黑色条纹。它一点儿也不在乎主人的看法，飞到餐桌上开心地享用着桌上的食物碎屑。

就在它吃得开心的时候，通讯员把房间的门关上了，这下，它成了囚犯。

它直接在这里住了一个礼拜。没有人理会这件事，也没有食物碎屑可以吃了，但是，它的体重还是增加了。现在它每天的任务就是捕杀房间里的昆虫，寻找可以吃的苍蝇，再找找还有没有剩下的食物。到了晚上，它喜欢在炉子后面的缝隙里休息。

好景不长，房间里的苍蝇和蟑螂都已经被它吃光了，饥饿的它又把注意力转移到了面包上。最后，房间里的课本、储物匣子、软木头……只要是它的嘴巴能啄动的，都被它啄了个遍。

通讯员看见后，只好无奈地给它开了门，赶走了这位任性的客人。

转移目标的野鼠们

森林里居住着很多野鼠，它们在冬天的时候没有准备很多食物，因为它们时常要转移洞穴，以逃过白鼬、伶鼬、鸡貂和其他食肉动物的猎杀。

可是，如今这种天气，森林和地面都已经被白雪覆盖，根本找不到食物了。所以，饿着肚子的野鼠们一块儿离开了这里。它们离开森林的目的是去寻找食物，因此人类就要严加警惕了，因为它们的目标是我们的粮仓、谷仓。

有的时候，伶鼬等食肉动物会跟着野鼠的脚印来捕杀它们，但是它们的数量不多，能消灭的也只有一小部分。

所以，在这里再次提醒大家，守好自家的粮仓，别被这些饥饿的动物偷袭了！

捡漏的狗熊

冬天快要来的时候，狗熊就会给自己找个隐蔽又舒适的洞穴准备冬眠。它会选择云杉树茂密的山坡上，然后把云杉树的树皮剥下来，撕成长条，放进准备好的洞穴里，再找一些苔藓和动物的皮毛铺上；最后它会把洞穴旁边的小云杉咬断，倒下来刚好把洞口遮得严严实实的。洞穴完工之后，狗熊就会爬进去舒舒服服地大睡一场。

动作描写

具体描写了狗熊建造自己洞穴的整个过程，可见狗熊非常聪明。

不幸的是，还没多久，猎狗就找到了它的洞穴，还好狗熊及时发现，狼狈地逃走了。洞穴被发现，现在它已经无家可归了。无奈之下，它就随便找了片雪地躺下了，虽然寒酸了一点儿，但还是有点儿好处的，最起码有危险的时候能够第一时间发觉。没过多久，猎人们又找到了它的踪迹，倒霉的狗熊又一次狼狈逃走。

读书笔记

之后的一段时间里，它一直在躲躲藏藏。但是这一次，猎人们再也没有发现它的踪迹。

到了第二年春天，猎人们才发现它，看来这头笨熊还是有点儿小聪明的，它竟然爬到了一棵树上睡觉。因为这棵树的树枝之前被狂风吹断了，上面的树杈倒坠着，日复一日，树杈的根处就磨出了一个大坑。夏天的时候，有一只老鹰发现了这个坑，就在这里建了窝，弄来了些干树枝和软草，准备孵化小鹰，等到小鹰被孵化出来之后，便离开了这里。正好被无家可归的狗熊捡了个现成的窝，于是便心满意足地爬进了窝里冬眠。

城市要闻

爱护鸟儿的人们

寒冷的冬天里，弱小的鸟儿总是找不到食物，还要忍受冬天刺骨的寒冷，让人们心疼不已。善良的人们一到冬天的时候，就会准备一些食物给它们。为了不吓到鸟儿，他们会把食物放在花园或者家里的阳台上，有的还会把面包片和牛油之类的食物用线串起来，然后挂在窗外。还有人把装着饭粒和面包屑的小筐子放在花园里。

荏雀、白颊鸟、青山雀还有一些不知名的鸟儿都会来这里找食物，有的时候还会看到一些比较珍稀的鸟儿，比如黄雀、红雀……

我和槭树一样大

我今年已经 12 岁了，城市街道两旁种了一些槭树，它们和我一般年龄。在我出生的那一天，它们也被少年自然科学研究小组的成员种在了这里。

现在，它们已经长得很高了，最起码已经有两个我的高度了。

驻森林通讯员　谢辽沙·波波夫

最有效的钓鱼方法

人们一直觉得只有春夏秋才适合钓鱼，其实，冬天也有人在钓鱼的，而且冬天钓鱼的人反而比其他季节的人更多。河流湖泊里的鲫鱼、冬穴鱼、鲤鱼都在冬眠中，但是并不是所有的鱼都冬眠。有一些鱼只有在很冷的时候才会进入冬眠状态；还有一种特殊的鱼就是山鲶鱼，它不会冬眠，在冰冷的水中也可以来去自如，在正月和二月的时候还会产下鱼子。

钓鱼的时候选用金属制的小鱼形钓钩能最快地钓到冰底下的鲈鱼，但是我们很难找到鲈鱼的巢穴。在陌生的湖泊和河流中，只能根据一些确定的现象来判断哪里有鱼，在确定好位置之后，要在冰层上面打几个洞，看看是否有鱼过来吃食。

现在我们要告诉大家正确判断哪里有鱼，还有其他一些需要注意的地方。

如果所处的河流弯曲，河岸又很高、很陡的话，就会形成一个深坑，等到冬天冷的时候，数以万计的鲈鱼就会游到里面躲避严寒。如果森林里的小溪流向湖泊或者河流，也会形成一个深坑，这种深坑也是鱼儿们冬天最喜欢的地方。芦苇一般会长在水比较浅的地方，在芦苇周围也会形成一个坑，那里也是鱼儿们喜欢待的地方。

喜欢在冬天钓鱼的人，都会事先在冰面上打一个小洞，然后用比较细的皮筋或者用头发丝线系上一个金属做成的小鱼形钓钩，最后把它放进打好的小洞里。刚放进去的时候，要让钓钩保持垂直，一直等到它坠到水底。如果需要用它来测量河水深度的话，可以不停地收放皮筋，但是切记移动的幅度不要太大，往下坠的时候，也不能再坠到底了。这样看上去，带着鱼饵的钩子在水里银光闪闪地上下浮动着，十分引人注目，好像一条鱼一样，这样的现象怎能不吸引鱼儿们的注意呢？如果段时间之后还没有鱼儿上钩，那就说明这个地方真的没有鱼，而你只能再找个地方打一个新的冰洞了。

有一种鲶鱼叫作“夜游神”，想要捉住它还需要一种特制的冰下捕鱼工具。其实，这种特制的捕鱼工具就是一种类似于网的东西。下面我们就来介绍一下如何制作这种工具吧。首先要准备一根绳子，然后在上面系上几根绳子，每根钓丝都相互隔开，中间相隔 70 厘米；再往钓钩上挂上小鱼，或者挂上鱼儿们喜欢吃的蚯蚓。另一头系上重一点儿的东西，放到冰洞里一直往下沉，直到沉到水底为止；最后在绳子上面绑一根木棒，把木棒横放在冰洞上，等到木棒被冻到冰洞上后，我们就可以离开了。

第二天早上，我们就可以过来看看有没有鱼儿上钩了。钓鲶鱼比钓鲈鱼有一个好处，那就是不用一直在鱼竿旁边耗着，不用天气那么冷还要在旁边等着鱼儿上钩。只要去冰洞旁，把木棒拿起来就能看到已经有一条大鱼上钩了。这条山鲶鱼身上看起来很黏的样子，身上的花纹好像老虎身上的斑纹一样，两边比较扁，下巴上还长着胡须。

狩 猎

冬季是最适合猎人捕杀狼和熊等较大动物的季节。

因为冬天是森林里最缺食物的时候，所以饿狼们为了食物已经没有了平时的谨慎，它们组成一队就跑到村子里来回转，打算在这里找点儿东西吃。大部分的熊都是在洞里睡觉的，但是还有一小部分在外面晃荡，我们把这样的熊叫作“流浪熊”。快到冬天的时候，它们就会找动物的尸体来吃，或者去村子里偷人家里的家畜吃，它们宁愿每天过着这样朝不保夕的生活，也不愿意为了即将到来的冬眠储备粮食，随便找个雪堆或者枯树枝就睡。还有一些熊被猎人发现后四处逃窜，它们怕猎人还会回去，所以不敢再回去，只能加入“流浪熊”的队伍里，在森林里四处流浪。

想要抓住这些“流浪熊”，猎人们就要穿上滑雪板，再带着猎狗。在积雪覆盖的森林里，猎狗顺着熊的气味一路追踪，直到熊没有了力气才停下来。这时候，猎人就会踩着滑雪板，跟在猎狗后面。

想要捉住它们可不是一件容易的事情，毕竟它们不是小鸟。有的时候还会发生意外——不但猎人没有伤到野兽，反倒被野兽打伤了。

之前在彼得格勒就发生过这样的意外。

一个人去捕猎的后果

你见过哪些奇怪的捕猎方式？寂静的晚上，一个人骑着马就去田野里捕猎，这样的捕猎方式是非常危险的。

我们这里就有一位喜欢冒险的猎人。他牵了一匹马套在雪橇上，又拿了一只小猪崽放进麻袋里，一起扔在了雪橇上。天还没亮，就一个人踩着雪橇出了村子。

这几天村子里经常会有狼来，很多村民都不敢出门，但是这些狼却得寸进尺，旁若无人地进到村子里。

出了村子之后，猎人就驶离了大道，踩着雪橇，小心翼翼地往林子深处走去。

他一只手拽着缰绳，另一只手揪揪小猪崽的耳朵。

小猪崽的蹄子都被捆在了一起，全身上下只露出了脑袋，拼命地号叫着——原来猎人是想用小猪崽的叫声来吸引狼的注意。而小猪崽本身就年幼，耳朵正是娇嫩的时候，猎人用力地揪，自然会引起它的强烈尖叫。

没过多久，树林间就出现了一些绿色的光点，来回不停地移动着，一会儿转到那儿，一会儿又回到这儿。没错，这些移动的光点就是狼的眼睛。

动物的感觉是最敏锐的，小猪崽第一时间就感觉到了危险，它被这恐惧吓得惊慌失措，一个劲儿地踢着地上的土。猎人使劲儿地拉住缰绳，不停地安抚它，另一只手还在揪着小猪崽的耳朵。徘徊在旁的狼看见有猎人在，也不敢轻易靠近。可是它们太饿了，小猪崽的叫声对它们来说是致命的吸引力，以至于它们已经忘记了害怕。

狼的耳畔一直都是小猪崽的叫声，心里一直在想着怎样才能吃掉它，至于危不危险，已经不在狼的考虑范围之内了。

狼在短短的时间里已经了解了猎人的装备：他有一只雪橇，后面的一根长绳上还绑着一个麻袋，在凹凸不平的地上跌宕着。

其实，猎人只是往里面放了一些干草和猪粪而已，但是狼却执着地认为里面有猪崽，因为它们亲耳听到了小猪崽的叫声，也嗅到了小猪崽的味道。

终于，狼下了狠劲儿。

它们决定从林子里蹿出来，一起向雪橇扑去。猎人看到了这群狼，有七八只都是身强体壮的大狼。

在寂静的晚上，月光是会撒谎的，狼在月光的照射下，身体比平时看上去大了许多。

就在这个时候，猎人放下了小猪崽，拿起了枪。

追在最前面的狼，已经快要抓住麻袋了。猎人这时候瞄准了它的肩膀下面，扣下了扳机。这头狼中弹倒下了，在雪地里疼得打滚。猎人准备对付第二只狼，关键时刻，马突然间受到了惊吓，大步向前冲，第二枪没有打中。

猎人费了一番工夫才把马控制好。可是回头一看，狼群都已经被吓得跑回森林了。

猎人看已经没有狼了，就让马停住了，放下枪，从雪橇上下来之后，去捡那只中弹的狼。

就在那天晚上，村子里出现了一件奇怪的事：猎人的马带着雪橇回到了村子里，雪橇上有一支已经没有弹药的双筒猎枪，还有一只被装在麻袋里的小猪崽，却没有猎人的身影。

等到天亮之后，村民们打算去森林看看，直到看见雪地上的一片印迹，才明白过来。

经村民们的推断，事情应该是这样的：

猎人扛着那只狼往雪橇边走。走到雪橇跟前时，马闻到了狼的气味，吓得撒腿就跑。只留下了猎人和一只死狼在森林边上。下雪橇时，猎人把猎枪放在了上面，身上连把防身的小刀都没有。这时，狼群看见猎人的马跑了，便趁机一拥而上围住了猎人。

村民们沿着脚印走，在森林边缘看见了一些零散的骨头，不仅有人的骨头，还有狼的骨头。这群残忍的狼居然连自己的伙伴都不放过。

这件事情发生在60年前。这件事情发生之后，村里再也没有出现过狼。事实上，就算人没有带枪，只要狼还有一丝理智，它们也不会那么轻易地攻击人类。

幸运的猎人

在捕捉熊的时候，也发生了一件悲惨的事情。

守林人发现了一处洞穴，便立即赶到城里请来了一位猎人，还带了两只北极犬。他们来到雪堆下，发现雪堆下的洞里正躺着一只睡得正香的熊。

这位猎人有着丰富的打猎经验，所以他认为，熊从里面出来的时候，可能会往南边跑，而猎人现在所处的位置是最有利于射杀熊的地方。

守林员撒开了两只北极犬，小心翼翼地躲到了雪堆后。

北极犬闻到了熊的气味拼命地往前奔去。

北极犬大声地叫着，可是叫了好长时间，洞穴里都没有动静。

大家正在奇怪，突然，积雪里伸出了一只长着锋利爪子的黑色脚掌，一只北极犬差点儿被它抓到。幸好它聪明地跑开了。

熊像一座大山一样从积雪里拔地而起。令人意外的是，它并没有逃跑，而是直接向着猎人的方向奔了过去。

熊低头看着猎人，脑袋挡住了胸膛。

猎人看到熊这样看着他，赶紧开了枪。

子弹从熊的脑门旁飞过，这一举动无疑惹恼了它。熊生气地直接撞向猎人，把它压在身下。

两条北极犬冲上去咬熊，爬到它的身上，可是这并没有给熊带来什么阻碍。

此时，躲在雪堆后的守林人已经被吓得不知所措了。他一边激动地尖叫着，一边颤抖地拿着手里的枪，可是他害怕，害怕瞄不准会伤到猎人。

熊挥出巨大的手掌，一把抓起了猎人的头发和头皮。

突然，熊倒在了地上，疼得在地上打滚，地上的白雪瞬间变成了红色。

这位猎人真的很厉害，尽管已经被熊打成重伤，但没有一点儿恐惧，反而趁机把刀插进了它的肚子里。

猎人很幸运地从死神手里逃过一劫。到现在，那张熊皮还挂在他的房间里。遗憾的是，从此之后，他的头上总会包着一条头巾。

品读赏析

本章主要写了冬天最冷的时候，整个大地都死气沉沉，寒风到处肆虐，花草树木都枯死了，小动物们的粮食也快吃完了，还会出现冻死的动物尸体，吸引其他动物来抢食。

冬季第三月

2月21日—3月20日

太阳进入双鱼宫

苦熬冬末月

名师导读

在严酷的寒冬岁月里，小动物都是怎么度过的呢？有的小动物被冻死了，有的小动物在寒冬里忍受饥饿，有的小动物却坚强地熬过了寒冬。

一年：分为12个月的太阳乐章

2月还在冬季的范围，温度还是很低的。狂风暴雪一样没少地在雪原上肆虐，可是那么大的风雪却没有留下一点儿痕迹。

2月是冬天的结束阶段，冬天就要结束了，这本来是个好消息，但是对于森林里的动物们来说却是个不好的消息。因为这个时候它们储备的粮食已经消耗得差不多了，而本就没有储备粮食的动物则要忍受更加严重的饥饿。恰逢2月是狼发情的季节，所以它们把目标转移到了周围的农场和小镇上。为了能饱餐一顿，它们会不顾危险地闯进村子里，把人们圈养的白白胖胖的羊和狗叼走，这个月份的农场和小镇几乎每天都会有家畜失踪。而其他的动物在秋末积累下来的脂肪已经被漫长的冬天熬得消失殆尽，自然也不会再给身体提供热量和养分了，所以动物们越来越瘦了。

叙述：解锁了狼群十分饥饿，才会每晚不顾一切地去叼走农户养的狗和羊。

洞穴里、隐蔽的仓库里，小动物们准备过冬的食物已经没有多少了。

大雪——对于这些动物们来说，成了死亡的加速剂，现在也不再为动物们提供温暖了。树枝早已被积雪压断了，但是还有一

举例说明

写出了野鸡们的特别之处。

些放养的鸡类，比如野鸡、山鹑、花尾榛鸡和黑琴鸡，它们非常喜欢钻进厚厚的积雪里不出来，然后在里面舒舒服服地睡一觉，总比在积雪上暖和得多。

积雪有好处也有坏处，白天太阳出来以后，经过长时间的照射，地面上的雪会融化一部分，等到太阳下山之后，温度骤然降低，融化的雪又结成了厚厚的冰，把地面冻住了，到了这个时候再想从下面出来，那就不容易了。除非第二天太阳一如既往的好，能融化这层冰。

2 月还有一个最让人厌恶的自然特征：就是狂风，一直不停地来来去去。吹得大雪漫天飞扬，把平时的过道盖得严严实实的……

动物和人类最难熬的一个月

冬天的这个月份，难熬的不只是动物，人类同样也在忍受冬季的寒冷。

冬天快要结束的时候，人们在初冬储存的粮食也差不多快吃完了。秋天时分还珠圆玉润的动物们，现在瘦得好像一阵风就能吹走似的——皮肤下保温的脂肪已经消耗尽了，它们经常食不果腹，以至于现在走路都轻飘飘的。

形态描写

写出经过了寒冬后动物们的状态。

冬季还有一个月的时间就结束了，风像想抓住最后的机会，拼尽全力地呼啸着，肆虐着，想要最后再疯狂一把。狂风夹杂着冰雪侵袭了森林的每个角落，好像在警告动物们，不要忽视它的存在！已经到了冬天的最后一个阶段，这个时候，才是真正考验动物们的时候，合理地支配自己的体力，撑过这一个月，就能看见春天温暖的阳光，看到冰雪融化，万物复苏，一切都变得那么可爱和美好。

我们的特派森林通讯员走访了一遍森林之后，不禁担忧：按照动物们现在的身体和体力是否真的可以度过这最后的一个月，迎来春天？

他们在森林里已经看到过太多太多的生死离别，动物们禁不住寒冷饥饿，再也支撑不下去了。也不知道能有多少动物可以在这样恶劣的环境下坚持下来。事实上，我们并不需要那样担心它们，因为很多动物是不会死的。

暴风雪中的遇难者

冷风越来越肆无忌惮了，温度也一天比一天低了，这样的发展形势真是令人忧心。一旦到了这样的天气，你就会在森林里看见各种各样的动物的尸体。这些已经僵硬的尸体，都是被这寒冷的冬天冻死的。

就连那些依靠积雪和枯树枝生存的小动物都被狂风掀了个遍。甲虫、蜘蛛、蜗牛、蚯蚓等一个个在地上瑟瑟发抖，失去了温暖的保护层，没过多久，就变成了一个个冰冷的尸体。

没有了积雪和树枝的遮蔽，它们也成了酷寒中的遇难者。

还有一些鸟类，都是在飞行中遇上了狂风暴雪，渐渐地，翅膀没有了知觉，失去了呼吸，就连坚毅的乌鸦也没能逃过这场灾难。

风雪过后，那些坚持到最后的动物就有了饱餐一顿的机会。它们会把这次暴风雪中冻死的动物吃掉，就像森林的保洁员一样尽责。

被冰层困住的灰山鹑

2月的冬天，尽管偶尔会阳光灿烂，但是温度还是没有明显回暖。当冰雪逐渐消融的时候，一件令人感到恐惧的事情出现了：冰雪融化，气温就会下降，这样融化后的雪水就会在地面上凝固，慢慢地形成了冰层。

比如在森林里发生的这件事：

冰雪融化的时候，地上的积雪就会变得又软又湿。到了晚上，一群飞了很久的灰色山鹑落下，准备给自己在雪地上挖个洞，想要在这里休息一晚上，毕竟积雪里比外面要暖和得多，有的时候还会冒热气呢，进去之后，舒舒服服的。等到了半夜时分，寒意突然袭来，睡得正熟的山鹑，还沉浸在梦里，根本没有察觉气温的变化。

第二天清晨，睡饱了的山鹑，还是没有感觉到有什么异样，只是觉得有点儿喘不过来气，想要出去缓缓，拍拍翅膀，准备出去找点儿吃的。可是飞到上面却被头顶上的冰层撞了回来，厚厚的冰层像铁一样坚硬，整片大地都被冰层覆盖着。

可是总是要出去的呀。灰山鹑开始使劲儿撞头上的冰层，可是脑袋都撞得出血了，冰层还是完好无损。

冰层里除了灰山鹑什么都没有，就连灰山鹑赖以生存的空气都没有。也正是这个原因，很多的灰山鹑都没能再从下面出来。如果它们能够撞破冰层该多好啊！就算是流点儿血也没什么大不了的。

冰层坚硬光滑，小动物的脚爪又很稚嫩，想要挖开冰层是不太可能的。虽然鸟儿的嘴比较尖锐，但是还没有到能把冰层啄穿的地步。鹿的蹄子倒是可以做到，但是冰洞的周围都是锋利的冰碴，一用劲儿就可能会伤到鹿的蹄子。

如果没有办法轻易地弄破冰层，就只能在冰层下忍受没有食物和空气的日子了。

像玻璃一样的青蛙

我们的通讯员已经走遍了森林的每一个角落，每当他们看见结冰的池塘的时候，都会凿开冰面，因为他们发现，冰下面的淤泥里有很多青蛙，它们想要聚集到一块儿度过寒冷的冬天。

通讯员们把它们从冰冷的淤泥里拿出来，不过轻轻一碰，青蛙的腿就像易碎的玻璃杯一样，发出清脆的声音掉了下来。

随后，我们的通讯员带了几只青蛙回家，把它们放在了保温箱里，等了差不多一天的时间，它们才渐渐醒过来，然后就在地上开心地蹦来蹦去，像在庆祝自己大难不死。

按照这个情况，等到春天，温度上升之后，池塘里的冰就会融化，水也不会再像冬天那样冰冷的时候，这些青蛙就会恢复到正常的状态。

爱睡觉的蝙蝠

离十月铁路萨勃林诺车站不远的托斯那河岸上，有一个岩洞，以前人们还经常去那里挖沙子，如今已经鲜少有人进去了。

我们的工作人员进去看了一下，发现蝙蝠全都倒立在洞顶上。而且蝙蝠的种类不同，有普通的山蝠，还有一种耳朵很大的蝙蝠，人们叫它“兔蝠”。

这些蝙蝠已经在这个岩洞里睡了五个月了。它们的休息方式就是头在下面，脚挂在洞顶上，用脚牢牢地抓紧洞顶。兔蝠会把自己的耳朵藏在收起来的翅膀下面。它们的翅膀像柔弱的毛毯一样把身体都盖住了，这样惬意的休息方式，不做个美梦倒是可惜了。

已经睡了那么久都没有动静的蝙蝠，不禁让我们的工作人员有些担忧，于是他们拿出了医学器材，给它们量了一下脉搏和体温。

蝙蝠在夏天的时候，体温和人类的相差无几——都是在37℃左右，脉搏则是每分钟200次。

但是现在蝙蝠的体温低得异常，只有5℃，而脉搏也减少了好多，每分钟只有50次。

其实，就算是这样的情况，我们也不用太过担心，这些“贪睡鬼”们还是很正常的，身体也很健康。就算睡上一两个月都正常。等到了天气转暖的时候，它们也就慢慢地醒过来了。

款冬生活的神秘角落

我从一个很狭小的角落看见了一棵款冬，它脆弱的嫩茎上已经穿上了保暖的衣裳：叶子呈鱼鳞状，身上还有毛茸茸的绒毛。从外观上看，它穿得很单薄，没有一点儿枯败的迹象，甚至还开着粉嫩嫩的花朵。但是这个季节，就连人类都受不了这寒冷刺骨，它那么小，竟然可以平安度过整个冬天，难道它不怕冷吗？

你是不是怀疑我在说谎？这个季节森林里遍布积雪，万物都已经枯萎，怎么还会有款冬呢？

之前我已经提过了——我是在一幢大厦南边的墙根下发现它的，那里刚好有一根暖气管道，这个角落的位置很好，就连外面的暴风雪都吹不过来。天气暖和之后，周围的积雪都融化了，就这样，一块还带着温度的黑土地露出了头，好像春天已经来了一样。所以我才发现了这个神秘的角落。

但是除了这个角落，其他地方还是被一片冰雪覆盖着。

尼·巴甫洛娃

兴奋了一会儿的昆虫们

天气一暖和，地上的冰雪融化了一些之后，各种各样的小虫子都已经忍够了冬天的寒冷和孤寂，全都从积雪下钻了出来。潮虫、蜘蛛、蚯蚓、瓢虫以及锯蜂的幼虫，简直就是昆虫的集合大会。

寒风吹走了积雪和树枝，像森林的环卫工人一样，把这里收拾得干干净净。如果这里是个安静的角落，那么，各种各样的昆虫都会选择来这里玩耍、捕食、休息，这里很快就会成为昆虫们的游乐园。

已经被寒冷包围了一整个冬天的昆虫们，终于等到温暖的阳光了，它们迫不及待地出来活动自己已经麻木的手脚。蜘蛛会马上去寻找食物果腹；雪盲蚊没有翅膀，就直接光着脚丫在雪地里跑来跑去；有翅膀的长脚蚊，会利用自己的翅膀在空中飞翔。

但是冬天毕竟还没有过去，暖意渐渐被寒意取代，敏感的动物们意识到这点之后，也都很识相地钻回了自己的巢穴——有的钻到了枯叶下面，有的钻到了苔藓和草丛里，有的直接钻到了泥土里。

冬天的海豹

有一个渔夫准备去海里捕鱼，当他走到已经结冰的涅瓦河口芬兰湾时，突然看见冰下好像有什么东西在晃动。他怀着好奇的心走了过去，突然间，一个湿漉漉的脑袋从冰窟窿下面伸了出来，嘴巴两旁还有几根稀疏的胡须，像粘上去的一样。

渔夫还误以为是落水的尸体浮了上来。但是不一会儿，它转了一下头——渔夫这才看清楚，原来是一只动物。它的脸上有很多的毛，太阳一照金光闪闪的，皮肤紧实，头顶上还长了几根头发。

它那两只眼睛里充满了狡黠和防备，仔细看了渔夫一会儿，就“扑通”一声钻到水里游走了。

直到这时，渔夫才反应过来，原来刚才是一只海豹游了上来。

海豹冬天捕鱼的时候，就喜欢从冰窟窿里伸出脑袋休息一会儿，这样可以呼吸一下新鲜的空气。

在冬天的芬兰湾，这种事情并不奇怪。海豹从冰层下面伸出头来换气或者爬到冰上面休息的时候，都是猎人捕杀它们的好机会。

有些海豹会为了追到鱼儿，一直跟到涅瓦河。在拉多加湖里，海豹就是那里的主宰，那里是海豹的王国。那里的鱼儿数不胜数，所以海豹非常喜欢在那里生活。

不容小觑的无角鹿

森林里，勇猛的公驼鹿和娇小的袍子，头上的犄角有些松动了。

公驼鹿像下了决心一定要把这个沉重的武器弄下来，所以，它们找了一棵粗壮的树，一直在树干上磨呀磨，终于把犄角弄下来了。

就在这时，有两只狼看见了这只没有犄角作为武器的战士，心里想着，趁它现在没有防备，又没有武器，扑上去杀了它，就可以饱餐一顿了。这么想着，它们的身体已经发起了进攻。

这两只狼已经做好了进攻计划，一只在前面攻击，一只在后面伺机捕杀。

原以为没有犄角的驼鹿会失去攻击力，没想到驼鹿还有两只如铁般的前蹄，对着狼的脑袋就是一脚，只听见一声脆响，狼的头盖骨就碎了。前面的狼解决之后，驼鹿猛地转过身子，对着后面的这只狼又是一蹄子，直接踢得狼趴在地上站不起来，缓了好久才颤巍巍地站起来，狼狈地逃走了。就这样，这场战争以驼鹿的胜利而告终，看来没有犄角的驼鹿也是不能小看的！

过了几天，公驼鹿和袍子的头上都已经长出了新的犄角，但是现在还没有长硬，远远地看上去就像长了个肉疙瘩，上面还长了一层绒毛，感觉很软的样子。

不怕冷水的河乌

波罗的海铁路上的加特奇纳车站的旁边有一条小河。在河边上，我们的通讯员看见了一只有着黑肚皮的鸟儿。

那天的清晨，阳光很好，可是温度并没有升高，天气还是冷得刺骨。我们的通讯员已经捧了好几次雪，用来摩擦一下他那已经快要麻木的双手和冻得发酸的鼻子。

让他觉得不可思议的是，竟然还有鸟儿在冰面上开心地唱歌。

他十分好奇，便想走近一点儿看看它。但是小鸟好像受到了惊吓一样，迅速地飞起来，一下就飞进了冰洞里。

通讯员没想到会是这样的情况，心里又是担心又是内疚，满脑子里都在想着要如何救它出来，他害怕这鸟会被冻死、淹死，一下子跑到冰洞边上。

没想到，它竟然用翅膀在冰水中划水玩儿呢，就像游泳的人在用手臂划水一样，动作娴熟、自然。

鸟儿乌黑的背倒映在清澈的雪水中，好像一条银色的鱼。

突然，小鸟一下子跳到水里，游到水底，用锋利的爪子抓紧了水底的细沙，在水底下跑了起来。跑到一处又莫名其妙地停了下来，然后用嘴掀翻了一块石头。突然，一个黑色的东西蹿了出来，小鸟猛地扑上去抓住了它，原来是一只黑色的甲虫。

过了很久，它又从另外一个冰洞里钻了出来，然后麻利地跳上来，甩了甩身子，好像刚才什么都没发生一样，继续又唱又跳。

我们的通讯员感到很奇怪："难道这是温泉吗？"通讯员带着怀疑的眼神把手伸向了冰洞，想要用手感觉一下温度。

他刚伸进去，就迅速地拿了出来。就这一会儿工夫，手已经冻得没有了知觉。

通讯员经过打听才知道，原来这只鸟叫河乌。

河乌和交嘴鸟差不多，也是很有冒险精神的飞行家。它的独家秘籍就是羽毛上的那层脂肪。这层脂肪在河乌游到水中的时候会冒出一些气泡，闪闪地发着银光，像一件防水的雨衣，在它游到水中的时候会自动把冷水隔离到脂肪以外，所以，就算再冷的水，它也不会感到寒冷。

河乌在彼得格勒并不常见，只有到了冬季才会看见它。

不要忘记给鱼儿凿通气孔

水中的生物千千万万，现在我们一起来关注一下鱼儿们的动态吧。

一到冬天，鱼儿们就会躲到水底下的坑里睡觉，而它们的头上则是厚厚的冰层。到了 2 月份的时候，冬季快要结束了，池塘和湖泊里的空气越发稀少，正在呼呼大睡的鱼儿们忽然喘不过气来了，快要窒息的感觉提醒着它们水里已经没有多少空气了。这时候，它们就会迅速游到上面，张开嘴巴，专注地寻找着冰上面的小气泡。

如果没有足够的空气供它们呼吸，它们就会窒息死亡。所以，等到春天暖和了，积雪坚冰都消融了之后，再拿着鱼竿来钓鱼，就会发现已经没有鱼了。

所以，我们要考虑到它们的生活习惯，在冻住的池塘或者湖泊上凿几个通气孔，还要注意不能让它们再冻上，这样鱼儿就能呼吸到空气，不至于窒息死亡了。有了这些通气孔，鱼儿就能在水底的深坑里安安稳稳地睡一整个冬天了。

冬天降生的宝宝们

一到冬天，森林里就格外安静，整片森林都被大雪侵袭，连角落也没放过。空气里只有狂风在呼啸着，夹杂着暴雪攻击着森林里的植物和动物们。或许你会有些疑问和幻想：在这片白雪下面，还会有生物存在吗？在雪层的最底部，还有什么动物吗？

我们的森林通讯员想看看这苍茫大地把它最宝贝的孩子放在了哪里。为了解决这个疑问，他们专门找了片空地和田野的积雪间，挖了一个很深的大坑，就像捅破了大地的保护膜一样。保护膜下面的情况，让通讯员大吃一惊，这里真的有生物存在，而且数量还不少，这样的结果真的让人感到惊喜。

下面有很多绿叶，有很多刚刚长出来的嫩芽和各种绿色植物，茎叶已经从干枯的草皮中钻了出来，尽管它们被大雪压在冰冷的地面上很久了，但是依然新鲜翠绿。看到它们生机勃勃的样子，真是让人感到开心。

这积雪看似波澜不惊，没想到积雪下还有另外一个世界——一个生命力顽强的世界，那里有很多坚强的灵魂：草莓、蒲公英、三叶草、触须菊、狗牙根、酸模等，一个个能量充沛，迫不及待地展示自己的活力与青春。还有一些翠绿的藤蔓上，已经开出了幼小的花骨朵。

通讯员们在他们挖出的深坑的壁上看见了一些小孔，看样子好像是小动物们挖的地下通道，但是现在已经被我们用铁锹埋上了。它们真的非常聪明，在任何地方都不会让自己饿着肚子。还有一些老鼠和田鼠在积雪下面的土地上，寻找着各种美味又营养的植物的根，而那些凶恶的鼩鼱、伶鼬、白鼬等食肉动物，就会把眼睛盯在啮齿的小动物，还有那些在雪地上休息的小鸟身上。

在冬天最舒服的就是小熊崽儿了。它们在冬天出生，却一点儿也不怕冷，甚至喜欢冬天。它们刚出生的时候，和一只大老鼠的模样差不多。它们从熊妈妈的肚子里出来的时候就穿着衣服，而且质量非常好的熊皮袄。

更神奇的是，老鼠也是在冬天生宝宝的。刚生出来的小老鼠特别小，身上光溜溜的，因为身上没有皮毛，所以身体都是粉红色的。它们不害怕冷并不是因为自身原因，而是因为它们的妈妈为了它们的降生，早早地做好了温暖舒适的窝，还会用自己的乳汁来喂养它们。

科学家们曾经做过调查，也已经得到了证实：一到冬季，老鼠和田鼠就会搬家，就像我们人类搬家一样，它们会搬到积雪下面或者灌木丛比较矮小的枝条上。积雪下面可是个过冬的好地方，就像有地暖的大别墅一样。所以，刚出生的小老鼠就算没有御寒的皮毛，也能在积雪下安稳地度过整个冬天。

春天要到了

虽然这个月份的温度还是很低，但是已经有了一些春天的气氛。地上的积雪还没有完全融化，但是已经没有以前那么厚了，渐渐地，变成了浅灰色，有的地方已经出现了像蜂窝一样的小洞，屋檐上悬挂着的冰柱也慢慢变大了。它们每天都会往下滴水，顺着流水的方向看，就会看见地上有很多小水窝。

白天慢慢地变长了，太阳在空中的时间也变长了，温度慢慢地升上去了。天空从青白、冰冷的颜色变得一天比一天鲜艳、亮丽，之前模糊冰冷的颜色好像被天上的云彩抹去了一样，逐渐变成了白色，然后分离。偶尔抬头看的时候，还会看见一大朵云彩在天空中飘过。

天空中，太阳刚刚露出头来，窗外的山雀就高兴地唱起了歌：“太阳出来了！太阳出来了”！

晚上，小猫儿就会跑到房顶上玩耍，自己就像一场音乐会的主角。

森林深处传来了一阵敲击声，就像一首轻快的爵士乐，其实，那是啄木鸟在啄树里的虫子。

森林里的云杉和松树上还有很多雪，不知道是谁在上面画了很多奇怪的画和符号。如果猎人们看见这些画，或许他们会很开心。这可是森林里有名的大胡子——松鸡留下的印迹，这些图案都是它用翅膀在雪地上使劲画出来的。这也说明了一个问题：再过一段时间，松鸡们就开始交配了，森林的音乐会也已经提上日程了。

城市要闻

令人捉摸不透的打架事件

春天来到了这座城市里。

一些隐秘的角落里总会有一两件需要拳头才能解决的事件发生。

可是麻雀们并不关心这些，它们穿过拥挤的人群，在巷子里自由地飞翔，开心地去啄对方脖子的羽毛，把羽毛啄得乱七八糟的。

尽管麻雀并不关心这样的打架，但是对于这些喜欢用打架来解决问题的人，雌麻雀也是没有办法的。

到了夜里，屋顶上的猫也开始不安分了，动不动就开始打架，两只猫经常打得不是你死就是我活，有时候打得激烈，直接从屋顶上滚了下来。

但是，猫本身的身体就灵巧，速度也快，所以就算是从屋顶上掉下来也不会伤及性命，最惨的情况也就是瘸几天，过两天就又开始躁动了。

为了宝宝装修房子

这几天，城里的人们都在为建房子作准备，大家都忙得热火朝天。

年纪大的鸽子、麻雀和乌鸦把所有的精力都放在了重新加固去年做的旧窝上；小鸟儿们今年夏天才出生，所以它们要尽快把窝做出来，因为过段时间又有小宝宝要出生了。鸟儿们需要的材料很多，比如树枝、马鬃、稻草，还有羽毛……不管是用什么材料做出来的窝，住起来都是那么舒服、温暖。

给鸟儿们准备食物和食槽

我和舒拉是同学，我们有一个共同的爱好就是特别喜欢小鸟。冬天的时候，我们每次看见啄木鸟、山雀等鸟儿们在这片已经没有什么生命气息的土地上觅食的时候，心里总会有些难过。因此，为了更方便地帮助它们，我们决定自己做一个食槽。

我们家旁边都有一棵树，每次这些鸟过来的时候，都会停在树上看看有没有吃的。

我和舒拉就用三合板做了一个小食槽，然后把它放在了我家屋外的那棵树上，每天都会往里面放一些它们能吃的东西，比如大麦、面包屑等。

这样一来，鸟儿们或许感受到了我们的友好，所以也不再对我们有所恐惧，每天准时准点地过来。看来它们对这个食槽很满意，吃饱了就唱会歌，它们舒服了，我们也跟着傻笑。

给鸟儿们准备食物是一件多么幸福的事情啊！小伙伴们，你们也赶紧体验一把吧！

驻森林通讯员　瓦西里·格里德涅夫

亚历山大·叶甫谢耶夫

保护白鸽的专属标记

经过城市拐弯处的时候，你有没有注意到附近房屋上有一块竖着的标牌？这个标牌是圆形的，上面画着一个黑色的三角形，里面还有 2 只大小不一的白鸽。

没错，这个标记是为鸽子设计的，它的意思是："注意！这里有鸽了停靠。"

第一次设计这种"注意鸽子"的汽车行驶交通标志的城市是莫斯科。这个标记是一位名叫托尼娅·科尔金娜的女学生设计的。在莫斯科的街道上，司机们只要看见这个标记，就会自觉地降低速度，而且会很注意旁边的鸽子，小心翼翼地从它们身边绕过去。一群鸽子在一起寻找食物，白的、灰的、咖啡色的，还有黑色的，数不胜数。大家给鸽子带来了吃的，米粒、面包屑和燕麦等。不管是大人还是小孩，都和它们成了好朋友。

现在，像彼得格勒这样的大城市里，都设立了这样的标牌。市民们也都觉得保护鸟儿是一件光荣的事，很多善良的市民都会给它们喂食，也很喜欢它们吃到食物满足的样子。

回家的鸟儿们

最近一段时间，美国、伊朗、英国、印度、德国、法国，还有埃及等世界各地的人们都相继给《森林报》编辑部寄来了信。读完信之后，我们知道了一个令人振奋的消息——远走他乡过冬的鸟儿们已经开始往故乡赶了！

地上的积雪刚刚开始融化的时候，鸟儿们就抖了抖翅膀，迫不及待地开始往回赶了。它们飞过一座座大山，越过一条条河流。当积雪已经融化，当湖泊河流开始肆意流淌的时候，它们就差不多到家了。

不畏强压的繁缕

今天天气不错，阳光很好，地上的积雪正在慢慢地融化着。我挑了个好地方挖了点儿土，想着给花盆加点儿土，还可以看看那些给鸟儿种的蔬菜长得怎么样了。

我在菜园子里种了一些繁缕，因为我最爱的金丝雀喜欢吃。繁缕的叶子汁水特别多，所以得到了金丝雀的青睐。

我觉得应该没有人会不认识繁缕吧。它的叶子是浅绿色的，根茎又软又细，丝丝缕缕交缠在一起，茎上开出了一个花骨朵，不仔细看的话都发现不了。

繁缕是一种生命力很顽强的植物，它的根茎靠着地面生长。如果你把它种在菜园子里，不用每天照料，也一样可以长得很旺盛，过一段时间就会长满整个院子，把菜园子都盖住。

到了秋天的时候，我才开始种繁缕，播种的时间是有点儿晚了。所以，当繁缕的芽长出来的时候，天气就已经开始变冷了，这些幼芽还没有来得及巩固自己，就已经被积雪盖上了。

我心想：这下可好，还没长出来，就被冻死了。

没想到我的担心竟然是多余的。今天，我刚走进菜园子，就看见了一株株新鲜翠绿的繁缕。之前那柔弱的小幼苗竟然扛过了冬天的寒冷和风雪的打击，在积雪下面默默地成长着。现在，它们已经成长得足够健壮，变成了真正的繁缕。它们细嫩的茎上长出了密密麻麻的浅绿色叶子。看，那儿还有好几株繁缕已经开出了花呢！

繁缕真的很神奇！坚强的它，扛住了积雪的打压，默默地成长着。

尼·巴甫洛娃

狩猎

机关的设计和摆放

其实，如果猎人们知道怎样设置机关和埋伏的话，那么他们得到的食物会比现在要多得多。但是，想要设计一个好的捕兽机关不是一件容易的事，这个猎人必须要有聪明的头脑，还要了解动物们的习惯。除了这些，还要做一个质量过硬的捕兽器，还要想好怎样设计机关，最关键的是找到动物经常出现的地方，这些具备了就已经成功一半了。如果这个猎人不懂怎样设计机关，也不了解动物的习性，那么这样只会偷鸡不成蚀把米，但是聪明的猎人总是会硕果累累。

如果想要得到更多的收获，首先就要学会设计机关。一般我们都会买别人做好的钢制捕兽器，但是想要用它捕捉到丰厚的猎物，就要先学会以下这些。

第一，我们要决定机关摆放在哪里。一般我们会选择放在猎物经常去的洞穴或者路上，或者猎物脚印多的地方，这些地方都可以。

第二，猎人要熟练地掌握捕兽器的用法和摆放步骤。我们在捕捉猞猁、黑貂这些非常聪明的动物时，都会按照这样的顺序：首先，把捕兽器放进松柏叶的汁液中煮，这样就可以掩盖掉它上面的金属气味；然后，把要放置捕兽器的地方的积雪处理干净，再往上面撒点儿雪，这样就闻不出金属的味道了。在进行到这一步的时候，还要戴上手套，因为动物们的嗅觉是很灵敏的，它们能闻出人类的气味。

第三，如果我们捕捉的猎物很强壮的话，那么就要把捕兽器拴在周围的树上，以防止进入陷阱的猎物拉着捕兽器跑。

第四，在选择诱饵之前，我们一定要先搞清楚它们喜欢吃什么，然后根据它们的喜好摆放。例如如果对方是食肉动物的话，那我们就放一块肉；如果猎物喜欢吃鱼的话，我们就可以放一条鱼；如果猎物喜欢吃老鼠的话，我们就可以放一只老鼠在里面。

设置陷阱的方法

猎人们最常用的捕猎方式就是设置陷阱。

首先，猎人们会先了解猎物经常出现的地点，接着就从路上挖一个深坑，差不多能装下一只狼，而且狼还跑不出来就可以了，这样它就只能乖乖地等着猎人们来了。

还有一个不可或缺的步骤，就是伪装陷阱，这样可以吸引狼的注意力。一般猎人们都会用一些树枝铺在坑上，然后再在树枝上放一些苔藓或者草之类的植物。直到看上去没有什么异样为止。

到了晚上，除了月亮发出微弱的光就没有什么可以照明的东西了，这时候正是狼进陷阱的好时机。狼群经过这里的时候，头狼肯定会掉进去。

到了第二天，猎人们只要过来把它绑了就可以了。

捕狼的另一种方式

还有一种比较有效的捕狼方式就是“狼圈”。下面我们就来介绍一下如何设置“狼圈”。

首先要找一片空地，在空地上打上木桩，一根接着一根打，打成一个圆圈；然后在圆圈外面再打一个大一点儿的同心圆，这样就有两层了，而中间的空隙正好可以夹住一只狼。

在外面的圆圈上还要做一个门，这个门只能从外面打开。“狼圈”做好以后，我们就可以往里面放诱饵了。一般猎人会在里面的圆圈里放一只小羊或者小猪。

很快，狼就会在附近闻见小羊或小猪的味道，接着它就会顺着气味一步步地进入狼圈，经过窄小的过道，顺着里面的圆圈走，一直走到门口。最前面的那只狼想转身却已经没有空间了，只能想着顶一下门，结果门一顶就被关上了，而且这个门经过设计是没有办法从里面打开的。这样狼就被困在里面了。

狼只能一直围着内圈转，鼻子里闻着小羊或小猪的浓烈的气味，却怎么也找不到它，心里怒火中烧，最后也只能被猎人们带走。

地上机关

冬天的气温太低了，跺一下脚下的大地都感觉硬邦邦的，好像被冻上了一样。猎人们想要在这种土地上挖坑，并不是一件容易的事。还不如再另外想一个办法——做一个地上的陷阱。这种机关设计起来不难。首先，找一块空地，然后在空地上打上桩做成一个围栏，把围栏的四个角当成四根柱子，再在中间放一根柱子；接着在柱子上放一块肉，当作诱饵吸引它们过来。

最关键的一步就是在围栏的某个地方，斜着放一块木板。木板的一头放在围栏外面的地上，另一边不接触任何东西，而且离诱饵越近越好。

当狼闻见肉的气味的时候，一定会急不可耐地想着赶紧吃掉，哪还会考虑什么陷阱，直接就冲上木板。走过木板中间的时候，另一边没有任何物体支撑的木板就会因为狼的重量掉下来，落进围栏里，狼在不知不觉中已经落入了我们的陷阱，乖乖地等待着猎人们的捕杀。

品读赏析

本章主要写了在冬天最后一个月，也是最难熬的一个月里的场景，小动物们储藏的粮食都吃完了，到处都有冻死、饿死的小动物的尸体。但是也有小动物、植物们在为这寒冬增添着生命力。迁徙的鸟儿们也准备回归，这预示着春天的到来。

名家评语

这无异于一部令人敬仰的圣书，其中蕴含着伟大的博物学精神。

——俄罗斯诗人 亚·勃洛克

关于比安基，我不妨说，他是绕着弯子，聪明地考虑着如何来写飞禽走兽的。其实，他也依然是在教导孩子们怎样在长大后做一个真正的人。

——比安基的学生 希姆

大自然是俄罗斯人的第二个家，对大自然的深情是俄罗斯的文学传统之一。很多俄罗斯文学家把动物和植物当作真正的朋友，对自然有种亲近感，而比安基正是其中的佼佼者。

——中国俄罗斯文学研究会会长、著名翻译家 刘文飞

读后感

《森林报》的里面有许多的有趣故事，它是按春、夏、秋、冬的顺序写的，为我们描绘了森林里一幅幅多彩的画面。

“大地苏醒”这篇文章讲了春天的到来，鸟、兽都非常欢迎春天，小河解冻了，小动物们不用再冬眠了。小雀儿从角落里飞了出来，扑腾着翅膀和我们一起唱歌，小云雀那双乌溜溜的眼睛好像葡萄干。

“熊终于找到了过冬的地方”这段文章讲了一只熊冬天找窝过冬的故事。人类三番两次地把熊的窝弄坏，它不得不再找一个地方过冬。看看这棵树吧！夏天，大雕把干树枝和软草叼到这里，铺成窝，孵出小鸟。这个窝后来被废弃在这里。冬天，这头找不到安身之地的熊，受到了惊吓后赶到这里来。在空中的窝里安心地睡了下来。

维·比安基的《森林报》使我更加热爱大自然，更加了解大自然，让我明白了不去大自然中仔细观察、不断实践、善于思考，就不会懂得这么丰富的知识。

考点直击

1.从几月到几月是候鸟离乡月（　　）？

A.8-9月　　B.9-10月　　C.10-11月

2.蜘蛛长了几条腿（　　）？

A.四条　　B.六条　　C.八条

3.哪种动物孩子还没出生，先交给别人抚养（　　）？

A.杜鹃　　B.苇莺　　C.喜鹊

4.鸟和爬虫谁更怕冷（　　）？

A.鸟　　B.爬虫

5.什么野兽会飞（　　）？

A.蝙蝠　　B.飞鼠　　C.袋鼠

6.当人们看见什么鸟飞回来了就认为春天到了（　　）？

A.杜鹃　　B.白嘴鸦　　C.燕子

1. B
2. C
3. A
4. B
5. AB
6. B

图书在版编目（CIP）数据

森林报：春·夏·秋·冬 /（苏）维塔利·瓦连季诺维奇·比安基著；王汶译. -- 长沙：湖南文化音像出版社，2020.8
ISBN 978-7-88543-493-9

Ⅰ. ①森… Ⅱ. ①维… ②王… Ⅲ. ①森林—普及读物 Ⅳ. ①S7-49

中国版本图书馆CIP数据核字(2020)第101231号

森林报：春·夏·秋·冬

（苏）维塔利·瓦连季诺维奇·比安基 著　　王汶 译

责任编辑　李道元
编辑部电话　0731-84171635
装帧设计　嘉瑞工作室

出版发行　湖南文化音像出版社
地　　址　长沙市韶山北路 139 号
邮　　编　410001

印　　刷　三河市兴国印务有限公司
版　　次　2020 年 8 月第 1 版
　　　　　2020 年 8 月第 1 次印刷
开　　本　710×1000　1/16
印　　张　12　插页 4
字　　数　150 千字
书　　号　ISBN 978-7-88543-493-9
定　　价　42.80 元